国家电网有限公司
STATE GRID
CORPORATION OF CHINA

输变电工程施工作业层班组骨干培训教材

架空输电线路

国家电网有限公司基建部　组编

中国电力出版社
CHINA ELECTRIC POWER PRESS

内 容 提 要

为贯彻落实国家终身职业技能培训要求，培育正规化、专业化、职业化的输变电工程施工作业层班组队伍，提高一线作业人员素质和技能，稳定输变电工程安全稳定局面，规范实施作业层班组人员培训，国家电网有限公司基建部组编《输变电工程施工作业层班组骨干培训教材》，共 5 个分册。

本分册为《架空输电线路》，以模块化教材为特点，工作任务为导向，语言简练、通俗易懂，专业术语完整准确，适用于作业层班组人员培训教学、员工自学，也可作为新员工培训、相关职业院校教学参考。同时，书中相应位置将操作演示视频和安全注意事项等以二维码形式呈现，方便学习使用。

图书在版编目（CIP）数据

架空输电线路 / 国家电网有限公司基建部组编. —北京：中国电力出版社，2022.6
（2022.8 重印）
输变电工程施工作业层班组骨干培训教材
ISBN 978-7-5198-5768-4

Ⅰ. ①架… Ⅱ. ①国… Ⅲ. ①架空线路–输电线路–架线施工–施工技术–技术培训–教材 Ⅳ. ①TM726.3

中国版本图书馆 CIP 数据核字（2021）第 126396 号

出版发行：中国电力出版社
地　　址：北京市东城区北京站西街 19 号（邮政编码 100005）
网　　址：http://www.cepp.sgcc.com.cn
责任编辑：高　芬　罗　艳
责任校对：黄　蓓　王海南
装帧设计：张俊霞
责任印制：石　雷

印　　刷：三河市万龙印装有限公司
版　　次：2022 年 6 月第一版
印　　次：2022 年 8 月北京第二次印刷
开　　本：710 毫米×1000 毫米　16 开本
印　　张：11.75
字　　数：195 千字
印　　数：3001—5000 册
定　　价：98.00 元

《架空输电线路》编写人员

尹　东　　彭开宇　　缪　磊　　张　博　　方建筠　　黄　鹏

侯纪勇　　张　剑　　吴　凯　　孙法栋　　韩鹏凯　　高　鹏

吴　灿　　石祥进　　宋　彪　　杨　涛　　刘志强　　鄂天龙

金　山　　单　波　　李爱武　　张小勇　　姜文佳　　蔡　婕

马骁壮　　王振宇　　宋云京　　姜一涛　　赵汝祥　　张雪峰

蔡　立　　李学维　　周　帆　　曲　昀　　李　洋

前　言

实现碳达峰、碳中和，能源是主战场，电力是主力军，电网是排头兵。电网连接电力生产和消费，既是重要的网络平台，也是能源转型的中心环节。国家电网有限公司认真贯彻党中央、国务院决策部署，充分发挥"大国重器"和"顶梁柱"作用，自觉肩负起责任使命，在构建以新能源为主体的新型电力系统、推动能源绿色低碳发展中争做引领者、推动者、先行者。

习近平总书记指出，"技术工人队伍是支撑中国制造、中国创造的重要基础，对推动经济高质量发展具有重要作用。"为贯彻落实国家终身职业技能培训要求，培育正规化、专业化、职业化的输变电工程作业层班组队伍，提高一线作业人员素质和技能，巩固输变电工程安全稳定局面，规范实施作业层班组人员培训，国网基建部组编了《输变电工程施工作业层班组骨干培训教材》，共分为《架空输电线路》《输电电缆》《变电站土建工程》《变电站一次设备安装》《变电站二次系统调试》。

教材以国家、行业及公司发布的法律法规、规程规范、技术标准为依据，以作业层班组作业人员能力提升、满足现场工作实际需要为目的，以模块化教材为特点，以工作任务为导向，语言简练、通俗易懂，专业术语完整准确，适用于作业层班组人员培训教学、员工自学，也可作为新员工培训、相关职业院校教学参考。

本书凝聚了我国电网建设领域广大专家学者和工程技术人员的心血和智慧，是国家电网有限公司立足新发展阶段，深入推进高质量建设的又一重要成果。希望本书的出版和应用，能够提高我国输变电工程建设水平，为建设新型电力系统、助力双碳行动实施、服务经济社会发展做出积极贡献。

编　者
2022 年 5 月

目　录

前言

模块一　输变电工程建设安全管理基础

|项目一　法律法规相关要求|

任务 1.1　班组安全管理相关法律法规要求

作业人员在作业中，必须遵守有关安全管理规定，如存在关闭、破坏直接关系生产安全的监控、报警、防护、救生设备、设施，或者篡改、隐瞒、销毁其相关数据、信息，或者存在因存在重大事故隐患被依法责令停产停业、停止施工、停止使用有关设备、设施、场所或者立即采取排除危险的整改措施，而拒不执行的行为，就必须追究刑事责任。

作业层班组骨干在组织生产的过程中，如果强令他人违章冒险作业，或者明知存在重大事故隐患而不排除，仍冒险组织作业，也必须追究刑事责任。

需要注意的是，上述法律责任并非必须发生事故才追究，只要有发生事故的现实可能，就有可能追究刑事责任。

🔍 知识延伸

《刑法》修正案（十一）　在生产、作业中违反有关安全管理的规定，有下列情形之一，具有发生重大伤亡事故或者其他严重后果的现实危险的，处一年以下有期徒刑、拘役或者管制：关闭、破坏直接关系生产安全的监控、报警、防护、救生设备、设施，或者篡改、隐瞒、销毁其相关数据、信息的；因存在重大事故隐患被依法责令停产停业、停止施工、停止使用有关设备、设施、场所或者立即采取排除危险的整改措施，而拒不执行的。

《刑法》修正案（十一）　强令他人违章冒险作业，或者明知存在重大事故

1

隐患而不排除，仍冒险组织作业，因而发生重大伤亡事故或者造成其他严重后果的，处五年以下有期徒刑或者拘役；情节特别恶劣的，处五年以上有期徒刑。

班组人员应参与本单位安全生产教育和培训，及时排查生产安全事故隐患，提出改进安全生产管理的建议；有权制止和纠正违章指挥、强令冒险作业、违反操作规程的行为。

班组特种作业人员应按照规定经专门的安全作业培训并取得相应资格，上岗作业。

需要注意的是，对已明确或已发现事故隐患未采取措施消除事故隐患的，构成犯罪的，依照刑法有关规定追究刑事责任。

🔍 知识延伸

《安全生产法》第二十五条　生产经营单位的安全生产管理人员应参与本单位安全生产教育和培训，检查本单位的安全生产状况，及时排查生产安全事故隐患，提出改进安全生产管理的建议；制止和纠正违章指挥、强令冒险作业、违反操作规程的行为。

《安全生产法》第九十七条（第二款）　特种作业人员未按照规定经专门的安全作业培训并取得相应资格，上岗作业的，责令限期改正，处十万元以下的罚款；逾期未改正的，责令停产停业整顿，并处十万元以上二十万元以下的罚款，对其直接负责的主管人员和其他直接责任人员处二万元以上五万元以下的罚款。

《安全生产法》第一百零二条　生产经营单位未采取措施消除事故隐患的，责令立即消除或者限期整改，处五万元以下的罚款；生产经营单位拒不执行的，责令停产停业整顿，对其直接负责的主管人员和其他直接责任人员处五万元以上十万元以下的罚款；构成犯罪的，依照刑法有关规定追究刑事责任。

禁止总承包单位将工程分包给不具备相应资质条件的单位。禁止分包单位将其承包工程再分包。

班组应严格按照施工交底的工作内容和范围施工，如果在施工过程中发现有需要临时占用规划批准范围以外场地；施工可能损坏道路、管线、电力、邮电通信等公共设施；需要临时停水、停电、中断道路交通；需要进行爆破作业等情况时，应立即停止施工并报项目部按照国家有关规定办理申请批准手续，不得强行擅自施工。

《建筑法》第二十九条 禁止总承包单位将工程分包给不具备相应资质条件的单位。禁止分包单位将其承包的工程再分包。

《建筑法》第四十二条 有下列情形之一的，建设单位应当按照国家有关规定办理申请批准手续：

（一）需要临时占用规划批准范围以外场地的；

（二）可能损坏道路、管线、电力、邮电通信等公共设施的；

（三）需要临时停水、停电、中断道路交通的；

（四）需要进行爆破作业的；

（五）法律、法规规定需要办理报批手续的其他情形。

班组任何人发现安全事故隐患，应当及时向班组负责人和项目负责人报告；对违章指挥、违章操作的，应当立即制止。在使用施工起重机械和整体提升脚手架、模板等自升式架设施前，班组安全员应当组织对设备进行自检验收，自检完成后报项目部验收，取得验收合格标识后方可使用。

《建设工程安全生产管理条例》第二十七条 建设工程施工前，施工单位负责项目管理的技术人员应当对有关安全施工的技术要求向施工作业班组、作业人员作出详细说明，并由双方签字确认。

《建设工程安全生产管理条例》第二十三条 发现安全事故隐患，应当及时向项目负责人和安全生产管理机构报告；对违章指挥、违章操作的，应当立即制止。专职安全生产管理人员的配备办法由国务院建设行政主管部门会同国务院其他有关部门制定。

| 项目二 输变电工程建设安全管理基本流程 |

任务 2.1 输变电工程建设安全管理基本流程

项目前期阶段，设计勘查单位开展安全风险、地质灾害分析和评估；建设单位组建业主项目部，确立安全管理目标；招标后中标单位按规定组建项目部，并配备专职安全管理人员，制定管理制度和安全措施，完善工程前期策划文件，班组技术员应参与施工方案编写。

工程开工前，建设单位组织现场踏勘，确定安全风险清册，召开第一次工地例会，组织设计安全交底，开展开工条件标准化核查，严格进场审查把关，杜绝不合格队伍、人员、机械、设施进场。

工程开工后，业主项目部组织开展现场安全文明施工设施进场验收、风险过程管理工作，监督落实到岗到位管控要求；参建项目部组织动态核查进场分包队伍及人员资格，验证特种作业人员人证相符情况，掌握工程建设分包动态信息。在开工、转序前落实作业层班组岗前培训考试等准入要求。定期组织开展安全检查活动，监督安全问题闭环整改，分级开展安全责任量化考核管理。

工程完工后，参建项目部组织开展安全管理总结，对风险管理、分包队伍管理、安全文明施工费用使用情况等开展评估考核。

🔍 知识延伸

《国家电网有限公司输变电工程建设安全管理规定》［国网（基建/2）–173—2021］第十五条～第二十六条

在项目前期阶段，设计（勘察）单位应开展工程安全风险、地质灾害分析和评估，优化工程选线、选址方案；可行性研究应对工程可能涉及的"三跨"作业、复杂地质条件和超过一定规模的危险性较大的分部分项工程等重大安全问题进行专项分析评估。

在工程前期阶段，建设单位应按规定组建输变电工程业主项目部，配备专职安全管理人员，制定工程建设安全管理目标。

工程中标单位应根据合同和有关规定组建项目部，按规定配备专职安全管理人员，制定工程安全管理制度和安全措施，完善工程建设管理实施规划（施工组织设计）等文件。

工程建设单位应牵头组织各参建单位开展工程总体安全管理策划，建立健全工程安全生产组织管理机制、安全风险管理机制、隐患排查治理机制、应急响应和事故救援处理机制等。

工程开工前，建设单位应组织业主、设计（勘察）、监理和施工项目部人员现场踏勘，确定工程施工安全风险清册。

工程开工前，业主项目部应组织召开第一次工地例会，协调现场安全管理问题。组织设计安全交底，组织监理、施工项目部开展开工条件标准化核查，严格进场审查把关，杜绝不合格队伍、人员、机械、设施进场。

工程开工后，业主项目部组织开展现场安全文明施工设施进场验收，定期组织检查，监督落实安全标准化要求。监督安全文明施工费用使用情况。

业主项目部组织监理、施工项目部开展风险过程管理工作，监督落实到岗到位管控要求。

参建项目部组织动态核查进场分包队伍及人员资格，验证特种作业人员人证相符情况，掌握工程建设分包动态信息。在开工、转序前落实作业层班组岗前培训考试等准入要求。

参建项目部组织开展安全检查活动，监督安全问题闭环整改；分级开展安全责任量化考核管理，定期组织检查，监督落实安全标准化要求。

工程完工后，参建项目部组织开展安全管理总结，对风险管理、分包队伍管理、安全文明施工费用使用情况等开展评估考核。

任务 2.2　班组人员安全职责

1. 班组负责人

（1）负责班组日常管理工作，对施工班组（队）人员在施工过程中的安全与职业健康负直接管理责任。

（2）负责工程具体作业的管理工作，履行施工合同及安全协议中承诺的安全责任。

（3）负责执行上级有关输变电工程建设安全质量的规程、规定、制度及安全施工措施，纠正并查处违章违纪行为。

（4）负责新进人员和变换工种人员上岗前的班组级安全教育，确保所有人经过安全准入。

（5）组织班组人员开展风险复核，落实风险预控措施，负责分项工程开工前的安全文明施工条件检查确认。

（6）掌握"三算四验五禁止"安全强制措施内容，对作业中涉及的"五禁止"内容负责。

（7）负责"e 基建"中"日一本账"计划填报；负责使用"e 基建"填写施工作业票，全面执行经审批的作业票。

（8）负责组织召开每日站班会，作业前进行施工任务分工及安全技术交底，不得安排未参加交底或未在作业票上签字的人员上岗作业。

（9）配合工程安全、质量事件调查，参加事件原因分析，落实处理意见，及时改进相关工作。

2. 班组安全员

（1）负责组织学习贯彻输变电工程建设安全工作规程、规定和上级有关安全工作的指示与要求。

（2）协助班组负责人进行班组安全建设，开展安全活动。

（3）掌握"三算四验五禁止"安全强制措施内容，对作业中涉及的"四验"内容负责。

（4）负责施工作业票班组级审核，监督经审批的作业票安全技术措施落实。

（5）负责审查施工人员进出场健康状态，检查作业现场安全措施落实，监督施工作业层班组开展作业前的安全技术措施交底。

（6）负责施工机具、材料进场安全检查，负责日常安全检查，开展隐患排查和反违章活动，督促问题整改。

（7）负责检查作业场所的安全文明施工状况，督促班组人员正确使用安全防护用品和用具。

（8）参加安全事故调查、分析，提出事故处理初步意见，提出防范事故对策，监督整改措施的落实。

3. 班组技术员

（1）负责组织班组人员进行安全、技术、质量及标准化工艺学习，执行上级有关安全技术的规程、规定、制度及施工措施。

（2）掌握"三算四验五禁止"安全强制措施内容，对作业中涉及的"三算"内容负责。

（3）负责本班组技术和质量管理工作，组织本班组落实技术文件及施工方案要求。

（4）参与现场风险复测、单基策划及方案编制。

（5）组织落实本班组人员刚性执行施工方案、安全管控措施。

（6）负责班组自检，整理各种施工记录，审查资料的正确性。

（7）负责班组前道工序质量检查、施工过程质量控制，对检查出的质量缺陷上报负责人安排作业人员处理，对质量问题处理结果检查闭环，配合项目部组织的验收工作。

（8）参加质量事故调查、分析，提出事故处理初步意见，提出防范事故对策，监督整改措施的落实。

4．班组其他人员

（1）自觉遵守本岗位工作相关的安全规程、规定，取得相应的资质证书，不违章作业。

（2）正确使用安全防护用品、工器具，并在使用前进行外观完好性检查。

（3）参加作业前的安全技术交底，并在施工作业票上签字。

（4）有权拒绝违章指挥和强令冒险作业；在发现直接危及人身、电网和设备安全的紧急情况时，有权停止作业。

（5）施工中发现安全隐患应妥善处理或向上级报告；及时制止他人不安全作业行为。

（6）在发生危及人身安全的紧急情况时，立即停止作业或者在采取必要的应急措施后撤离危险区域，并第一时间报告班组负责人。

（7）接受事件调查时应如实反映情况。

| 项目三　输变电工程建设安全管理基本要求 |

任务 3.1　作业计划管理

现场施工实行作业计划刚性管理制度，所有作业均应纳入作业计划管控；发布后的作业计划因特殊情况确需调整的，班组负责人应及时向项目部报告，履行对应变更审批手续后开始作业。坚决杜绝无计划作业、随意变更计划作业、超计划范围作业、管控措施不落实等行为情况的发生。

🔍 知识延伸

《国家电网有限公司输变电工程建设安全管理规定》[国网（基建/2）173—2021] 第五十一条～第五十四条　现场施工实行作业计划刚性管理制度，所有作业均应纳入作业计划管控。作业计划应及时发布，发布后的作业计划无特殊情况不应变更，如确实需要调整的，应履行对应变更审批手续。输变电工程建设参建单位要全程掌握作业计划的发布、执行准备和实施情况，禁止无计划作业。各级管理部门、各参建单位要将作业计划管理纳入日常督查工作中，将无计划作业、随意变更计划作业、管控措施不落实等行为作为重点督查对象。

任务 3.2　作业风险管理

1. 风险初勘及复测

开工前，施工项目部组织班组人员进行现场初勘。根据风险初勘结果及审查后的三级及以上重大风险清单，识别出与本工程相关的所有风险作业，制订风险实施计划安排。班组严格按照风险作业计划，提前开展施工安全风险复测。

2. 作业票开具相关规定

风险作业前，班组负责人严格按照风险等级开具对应的施工作业票，并履行审核签发程序。严禁无票作业。

作业票开具：一个班组同一时间只能执行一张施工作业票，一张施工作业票可包含最多一项三级及以上风险作业和多项四级、五级风险作业。同一张施工作业票中存在多个作业面时，应明确各作业面的安全监护人；对应多个风险时，应经综合选用相应的预控措施。

作业票终结：以最高等级的风险作业为准，未完成的其他风险作业延续到后续作业票。

需注意的是：作业票包含多项风险时，按其中最高的风险等级确定作业票种类，一张施工作业票使用时间不得超过 30 天，如需超过则应重新办票。

3. 创建作业票流程

（1）根据对应风险，选择作业类型、工序、作业部位、作业票名称信息后，进入作业票填写页面；允许选择多个作业类型展现不同工序不同作业部位，合并开票。

（2）按要求填写施工班组名称、复测后风险等级、计划开始和结束时间、执行方案名称、选择安全监护人、选择技术员和其他施工人员等信息，根据现场实际情况，勾选作业必备条件，填写完成后即可预览作业票。

（3）作业票填写完成点击保存后，可在"基建移动应用（e 基建）"首页－待办－待提交中进行查看，班组负责人在待办列表中可对待提交的作业票进行删除或者修改操作。

（4）作业过程风险管控措施可以进行手动编辑。

（5）填写完整作业票信息后提交审核，可通过流程图跟踪作业票签审情况。

4. 风险作业过程管控

班组负责人在每日作业前，应对当日风险进行复核、检查作业必备条件及当日控制措施落实情况。

风险作业过程中，班组负责人在风险作业实施过程中要对风险进行全程控制。班组安全员必须专职从事安全管理或监护工作，不得从事其他作业。作业人员应严格执行风险控制措施，遵守现场安全作业规章制度和作业规程，服从管理，正确使用安全工器具和个人安全防护用品。

🔍 知识延伸

《输变电工程建设施工安全风险管理规程》（Q/GDW 12152—2021）7.1～7.8 条　四、五级风险作业按附录 D 填写输变电工程施工作业 A 票，由班组安全员、技术员审核后，项目总工签发；三级及以上风险作业按附录 D 填写输变电工程施工作业 B 票，由项目部安全员、技术员审核，项目经理签发后报监理审核后实施。涉及二级风险作业的 B 票还需报业主项目部审核后实施。填写施工作业票，应明确施工作业人员分工。

一个班组同一时间只能执行一张施工作业票，一张施工作业票可包含最多一项三级及以上风险作业和多项四级、五级风险作业，按其中最高的风险等级确定作业票种类。作业票终结以最高等级的风险作业为准，未完成的其他风险作业延续到后续作业票；同一张施工作业票中存在多个作业面时，应明确各作业面的安全监护人；同一张作业票对应多个风险时，应综合选用相应的预控措施。

任务 3.3　作业人员管理

班组人员培训应实行分类分级培训与管理，班组骨干每两年参加省级公司统一组织的培训、考试，合格后由省公司发布上岗；其他人员应由施工单位对其实操能力进行核定，每四年参加一次省级公司统一组织的培训、考试，合格后纳入实名制管控后上岗。

班组负责人每周组织班组全员进行安全学习，学习上级有关输变电工程建设安全的规程、规定、制度及安全施工措施，并形成《班组安全活动记录》，同时负责新进人员和变换工种人员上岗前的班组级安全教育，并记录在班组日志中。

工程开工后严禁非实名制人员参加施工作业。特种作业人员、特殊设备操作人员应取得国家有关部门颁发的资格证书且在有效期内方可上岗作业。

100%配备通过统一岗前培训考试合格的作业层班组骨干和线路作业层班组人员，落实班组标准化建设要求，确保班组日常管理有序。

严格按照设计和施工方案开展施工作业，做到"五不作业"（作业人员未经准入不作业、管理人员未到岗履职不作业、作业条件不具备不作业、安全措施未落实不作业、无作业票不作业）。

遇突发情况，第一时间上报施工项目部，做到及时响应。

🔍 知识延伸

《国家电网有限公司输变电工程建设安全管理规定》[国网（基建/2）173—2021]第三十四条　作业层班组人员参加岗前培训考试合格后方可上岗。班组骨干应由施工单位或其上级单位对其实操能力进行核定，每两年参加公司统一组织的培训、考试合格后由省公司发布后方可上岗。班组其他人员应由施工单位对其实操能力进行核定，每四年参加一次公司统一组织的培训、考试合格后纳入实名制管控后方可上岗。

《国家电网有限公司输变电工程建设安全管理规定》[国网（基建/2）173—2021]第四十条　特种作业人员、特殊设备操作人员应取得国家有关部门颁发的资格证书且在有效期内方可上岗作业。

任务3.4　作业层班组管理

作业层班组合格是工程开工必备条件，合格作业层班组应满足的条件：进场班组人员应满足准入条件，班组骨干和班组成员应相互熟悉、完成磨合，班组驻地应具备管理条件，安全防护用具、施工机具等装备应由施工单位（或专业分包单位）足额配备并检验合格。

工程开工后，各级管理单位定期对班组进行核查，及时按照不合格班组的表现形式，对能力、身份、组织、准入、装备等不符合要求的不合格班组进行清退。

班组应建立施工机具领用及退库台账，同时建立日常管理台账，每日作业前应进行施工机具安全检查。

🔍 知识延伸

《国家电网有限公司关于全面加强基建施工作业单元管控长效机制建设的通知》（国家电网基建〔2020〕625号）不合格作业层班组的主要表现形式（包括但不限于）：

（1）能力不符合要求：班组骨干没有足够的工作经历，不懂作业要求，交规式安全考试不合格。

（2）身份不符合要求：班组骨干在现场从事与其职责不相符的工作，或是施工单位开工前方以签订用工合同方式临时确定，实际与分包人员是一个包工队。

（3）组织不符合要求：班组骨干与核心分包人员相互不熟悉，作业现场严重违背强制措施，班组骨干在班组人员作业前不能到场或在班组人员作业完成前已离开现场。

（4）准入不符合要求：班组人员未纳入"基建移动应用（e基建）"管控，未经准入进入作业现场。

（5）装备不符合要求：班组安全防护用品、使用的主要工器具或材料非施工单位（或专业分包单位）提供，或提供了班组不使用。

任务 3.5　输变电工程施工安全强制措施

班组应严格执行公司输变电工程施工安全强制措施。按照"技术员懂计算、安全员会验收、负责人能禁止"的原则，对拆除、超长抱杆、深基坑、索道、水上作业、反向拉线、不停电跨越、近电作业等八类作业和特殊气象环境、特殊地理两种条件下的关键工况的高危环节进行全过程管控。

🔍 知识延伸

《国网基建部关于印发输变电工程建设施工安全强制措施（2021 年修订版）的通知》（基建安质〔2021〕40 号）

"三算"：一是拉线必须经过计算校核；二是地锚必须经过计算校核；三是临近带电体作业安全距离必须经过计算校核。

"四验"：一是拉线投入使用前必须通过验收；二是地锚投入使用前必须通过验收；三是索道投入使用前必须通过验收；四是组塔架线作业前地脚螺栓必须通过验收。

"五禁止"：一是有限空间作业，禁止不满足通风及安全防护要求开展作业；二是组塔架线高空作业，禁止不使用攀登自锁器及速差自控器；三是乘坐船舶或水上作业，禁止不穿戴救生装备；四是紧断线平移导线挂线，禁止不交替平移子导线；五是杆塔组立起立抱杆作业，禁止使用正装法。

任务 3.6　安全事故报告和调查处理

现场发生安全生产事故后，班组人员应逐级如实上报至本单位负责人，单位负责人接到事故报告后应迅速采取有效措施，组织抢救，防止事故扩大，减少人员伤亡和财产损失。不得隐瞒不报、谎报或者迟报，不得故意破坏事故现场、毁灭有关证据。

根据生产安全事故造成的人员伤亡或者直接经济损失，事故一般分为以下等级（"以上"包括本数，"以下"不包括本数）：

（1）特别重大事故，是指造成 30 人以上死亡，或者 100 人以上重伤（包括急性工业中毒，下同），或者 1 亿元以上直接经济损失的事故。

（2）重大事故，是指造成 10 人以上 30 人以下死亡，或者 50 人以上 100 人以下重伤，或者 5000 万元以上 1 亿元以下直接经济损失的事故。

（3）较大事故，是指造成 3 人以上 10 人以下死亡，或者 10 人以上 50 人以下重伤，或者 1000 万元以上 5000 万元以下直接经济损失的事故。

（4）一般事故，是指造成 3 人以下死亡，或者 10 人以下重伤，或者 1000 万元以下直接经济损失的事故。

🔍 知识延伸

《中华人民共和国安全生产法》第八十三条　生产经营单位发生生产安全事故后，事故现场有关人员应当立即报告本单位负责人。单位负责人接到事故报告后，应当迅速采取有效措施，组织抢救，防止事故扩大，减少人员伤亡和财产损失，并按照国家有关规定立即如实报告当地负有安全生产监督管理职责的部门，不得隐瞒不报、谎报或者迟报，不得故意破坏事故现场、毁灭有关证据。

《中华人民共和国安全生产法》第八十五条　有关地方人民政府和负有安全生产监督管理职责的部门的负责人接到生产安全事故报告后，应当按照生产安全事故应急救援预案的要求立即赶到事故现场，组织事故抢救。参与事故抢救的部门和单位应当服从统一指挥，加强协同联动，采取有效的应急救援措施，并根据事故救援的需要采取警戒、疏散等措施，防止事故扩大和次生灾害的发生，减少人员伤亡和财产损失。

任务 3.7　应急管理要求

事故发生后，班组负责人立即下令停止作业，即时向项目负责人汇报突发事件发生的原因、准确报告事故情况、配合开展应急处置工作，防止事故扩大，减轻事故损害。

班组人员应参加项目部组织的应急管理培训，全员学习紧急救护法，会正确解脱电源，会心肺复苏法，会止血、会包扎，会转移搬运伤员，会处理急救外伤或中毒等。

发生事故后，班组负责人应立即向本单位现场负责人报告，上报时间不得超过 1 小时，班组负责人在救援过程中应严格按照项目部制定的应急处置方案及应急演练流程进行现场救援，不得盲目施救，避免事故扩大。

🔍 知识延伸

《施工作业层班组建设标准化手册》（基建安质〔2021〕26 号）

（1）突发事件发生后，班组人员应立即向班组负责人报告，班组负责人立即下令停止作业，即时向项目负责人汇报突发事件发生的原因、地点和人员伤亡等情况。

（2）班组负责人在项目部应急工作组的指挥下，在保证自身安全的前提下，组织应急救援人员迅速开展营救并疏散、撤离相关人员，控制现场危险源，封锁、标明危险区域，采取必要措施消除可能导致次（衍）生事故的隐患，直至应急响应结束。

（3）应急救援人员实施救援时，应当做好自身防护，佩戴必要的呼吸器具、救援器材。

（4）应急处置过程中，如发现有人身伤亡情况，要结合人员伤情程度，对照现场应急工作联络图，及时联系距事发点最近的医疗机构（至少两家），分别送往救治。

🔍 知识延伸

《国家电网有限公司安全事故调查规程》第 6.1 条　各单位发生事故后，事故现场有关人员应当立即向本单位现场负责人或者电力调度机构值班人员报告。有关人员接到报告后，应当立即向本单位负责人、相关部门和安全监督部门即时报告。情况紧急时可越级报告。

《国家电网有限公司安全事故调查规程》第6.2.1条 发生人身事故，安排作业的单位、伤亡人员所在单位、事故场所运维单位等的有关人员及其单位负责人均有责任即时报告；发生基建人身事故，建设管理单位、监理单位、施工单位等的有关人员及其单位负责人均有责任即时报告。

《国家电网有限公司安全事故调查规程》第6.3.5条 每级上报的时间不得超过1小时。

《国家电网有限公司安全事故调查规程》第6.10条 任何单位和个人不得擅自发布事故信息。

模块二 输变电工程建设质量管理基础

| 项目一 法律法规相关要求 |

任务 1.1 班组质量管理相关法律法规要求

施工企业在施工过程中必须按照工程设计图纸和施工技术标准施工，不得擅自修改工程设计，不得偷工减料或使用不合格的建筑材料。

班组任何人对建筑工程的质量事故、质量缺陷都有权向建设行政主管部门或者其他有关部门进行检举、控告、投诉。

建筑施工企业有违反《中华人民共和国建筑法》的质量行为，构成犯罪的依法追究刑事责任。

🔍 知识延伸

《中华人民共和国建筑法》第五十八条　建筑施工企业对工程的施工质量负责。建筑施工企业必须按照工程设计图纸和施工技术标准施工，不得偷工减料。工程设计的修改由原设计单位负责，建筑施工企业不得擅自修改工程设计。

《中华人民共和国建筑法》第五十九条　建筑施工企业必须按照工程设计要求、施工技术标准和合同的约定，对建筑材料、建筑构配件和设备进行检验，不合格的不得使用。

《中华人民共和国建筑法》第六十三条　任何单位和个人对建筑工程的质量事故、质量缺陷都有权向建设行政主管部门或者其他有关部门进行检举、控告、投诉。

《中华人民共和国建筑法》第七十二条　建设单位要求建筑设计单位或者建

15

筑施工企业违反建筑工程质量、安全标准，降低工程质量的，责令改正，可以处以罚款；构成犯罪的，依法追究刑事责任。

《中华人民共和国建筑法》第七十四条　建筑施工企业在施工中偷工减料的，使用不合格的建筑材料、建筑构配件和设备的，或者有其他不按照工程设计图纸或者施工技术标准施工的行为的，责令改正，处以罚款；情节严重的，责令停业整顿，降低资质等级或者吊销资质证书；造成建筑工程质量不符合规定的质量标准的，负责返工、修理，并赔偿因此造成的损失；构成犯罪的，依法追究刑事责任。

《中华人民共和国建筑法》第八十条　在建筑物的合理使用寿命内，因建筑工程质量不合格受到损害的，有权向责任者要求赔偿。

任务 1.2　班组质量管理责任

施工单位应当建立健全质量检验制度，并按相关要求实施检验工作，对于涉及结构安全的试件应严格按要求，在建设单位或者工程监理单位监督下现场取样送检。施工单位应严格控制工序管理，做好隐蔽工程的报验、质量检查和记录。施工单位还应建立培训制度，对作业人员严格培训，作业人员经培训合格才能上岗。

发生质量事故后，根据事故性质有关部门按《建设工程质量管理条例》规定对责任单位给予处罚。发生重大工程质量事故隐瞒不报、谎报或者拖延报告期限的，对直接负责的主管人员和其他责任人员依法给予行政处分。因降低质量标准造成重大安全事故的，追究直接责任人刑事责任。

🔍 知识延伸

《建设工程质量管理条例》第二十九条　施工单位必须按照工程设计要求、施工技术标准和合同约定，对建筑材料、建筑构配件、设备和商品混凝土进行检验，检验应当有书面记录和专人签字；未经检验或者检验不合格的，不得使用。

《建设工程质量管理条例》第三十条　施工单位必须建立、健全施工质量的检验制度，严格工序管理，做好隐蔽工程的质量检查和记录。隐蔽工程在隐蔽前，施工单位应当通知建设单位和建设工程质量监督机构。

《建设工程质量管理条例》第三十一条　施工人员对涉及结构安全的试块、

试件以及有关材料，应当在建设单位或者工程监理单位监督下现场取样，并送具有相应资质等级的质量检测单位进行检测。

《建设工程质量管理条例》第三十二条　施工单位对施工中出现质量问题的建设工程或者竣工验收不合格的建设工程，应当负责返修。

《建设工程质量管理条例》第三十三条　施工单位应当建立、健全教育培训制度，加强对职工的教育培训；未经教育培训或者考核不合格的人员，不得上岗作业。

《建设工程质量管理条例》第五十二条　建设工程发生质量事故，有关单位应当在24小时内向当地建设行政主管部门和其他有关部门报告。对重大质量事故，事故发生地的建设行政主管部门和其他有关部门应当按照事故类别和等级向当地人民政府和上级建设行政主管部门和其他有关部门报告。

特别重大质量事故的调查程序按照国务院有关规定办理。

《建设工程质量管理条例》第五十三条　任何单位和个人对建设工程的质量事故、质量缺陷都有权检举、控告、投诉。

《建设工程质量管理条例》第六十五条　违反本条例规定，施工单位未对建筑材料、建筑构配件、设备和商品混凝土进行检验，或者未对涉及结构安全的试块、试件以及有关材料取样检测的，责令改正，处10万元以上20万元以下的罚款；情节严重的，责令停业整顿，降低资质等级或者吊销资质证书；造成损失的，依法承担赔偿责任。

《建设工程质量管理条例》第六十九条　违反本条例规定，涉及建筑主体或者承重结构变动的装修工程，没有设计方案擅自施工的，责令改正，处50万元以上100万元以下的罚款；房屋建筑使用者在装修过程中擅自变动房屋建筑主体和承重结构的，责令改正，处5万元以上10万元以下的罚款。

《建设工程质量管理条例》第七十条　发生重大工程质量事故隐瞒不报、谎报或者拖延报告期限的，对直接负责的主管人员和其他责任人员依法给予行政处分。

《建设工程质量管理条例》第一百三十七条　建设单位、设计单位、施工单位、工程监理单位违反国家规定，降低工程质量标准，造成重大安全事故的，对直接责任人员处五年以下有期徒刑或者拘役，并处罚金；后果特别严重的，处五年以上十年以下有期徒刑，并处罚金。

任务 1.3 　输变电工程施工质量强制性措施

作业层班组在施工过程中应刚性执行质量强制性措施的要求，严格履行质量验收程序。

🔍 **知识延伸**

《国家电网有限公司关于进一步加强输变电工程施工质量验收管理的通知》（国家电网基建〔2020〕509 号）

刚性执行质量检测要求（"五必检"）：一是铁塔组立或建（构）筑物主体结构施工前，基础混凝土强度必须进行第三方质量检测，且符合设计强度要求；二是线路架线前，地脚螺栓和铁塔螺栓紧固必须进行质量检测，且符合设计紧固力矩和防松、防卸要求；三是导地线压接必须进行质量检测，且符合技术标准和公司反事故措施要求；四是设备材料接收前，必须进行进场质量检测，且符合物资供货合同和技术标准要求；五是电气设备、电缆接头安装前，作业环境必须进行检测，且符合技术标准和施工方案要求；必须布设视频监控终端，实现作业行为远程监测。

严格履行质量验收程序（"六必验"）：一是甲供物资进场时，总监理工程师必须组织"五方"联合验收，合格后方可签证接收；二是线路基础、杆塔转序时，总监理工程必须组织分部工程验收，合格后方可转入组塔、架线阶段；三是变电土建转序时，建设单位必须组织交接验收，合格后方可转入电气安装阶段；四是电气设备内部检查时，专业监理工程师必须组织隐蔽工程验收，合格后方可进行设备封盖；五是电气设备带电前，建设单位必须组织验收，逐项核查交接试验情况，全部合格后方可开展系统调试；六是消防设施施工完毕且经建设单位自检合格后，必须报政府主管部门消防验收（备案抽查），收到验收合格意见（备案凭证）后，方可开展启动验收。

任务 1.4 　质量事件等级划分及报告制度

质量事件体系由工程、物资、运检、电能、服务五类质量事件组成，分为一～八级。

事件发生后，应立即启动即时报告制度。

🔍 知识延伸

《国家电网公司关于印发〈国家电网公司质量事件调查管理办法〉的通知》（国家电网企管〔2016〕648号）质量事件体系由工程、物资、运检、电能、服务五类质量事件组成，分为一至八级。

工程质量事件是指在工程设计、施工安装、工程验收、检测调试等过程中，违反相关法律法规、制度标准、合同规定或管理要求，造成经济损失、工期延误、设计功效降低、危及电网安全运行等情况的事件。

物资质量事件是指在物资采购、制造、监造（抽检）、运输、存放、保管、验收等过程中，违反相关法律法规、制度标准、合同规定或管理要求，致使物资性能不满足既定参数标准、规范及合同有关规定，造成设备设施缺损、经济损失、危及电网安全运行等情况的事件。

违反相关法律法规、制度标准、合同规定或管理要求的表现主要包含但不限于以下情况：

（1）在物资设计、材料选用、制造、监造、运输、存放、保管、安装调试（供应商）中存在质量问题或监管缺失。

（2）物资到货未履行相应的验收手续，或验收中未能发现应发现的质量问题。

（3）物资供应进度滞后。

（4）供应商未履行合同规定的相关服务条款。

（5）物资存在批量问题或家族性缺陷。

事件发生后，经初步判断与质量原因相关，事件现场有关人员应当立即向本单位现场负责人报告。现场负责人接到报告后，应立即向本单位负责人和质量监督部门等相关人员报告。

情况紧急时，事件现场有关人员可以直接向本单位负责人报告。

质量事件报告应及时、准确、完整，任何单位、部门和个人对质量事件不得迟报、漏报、谎报或者瞒报。任何单位、部门和个人不得阻挠和干涉对质量事件的报告和调查处理。

|项 目 二　质 量 管 理 流 程|

任务 2.1　工程建设质量管理流程

工程建设质量管理流程见图 2-1。

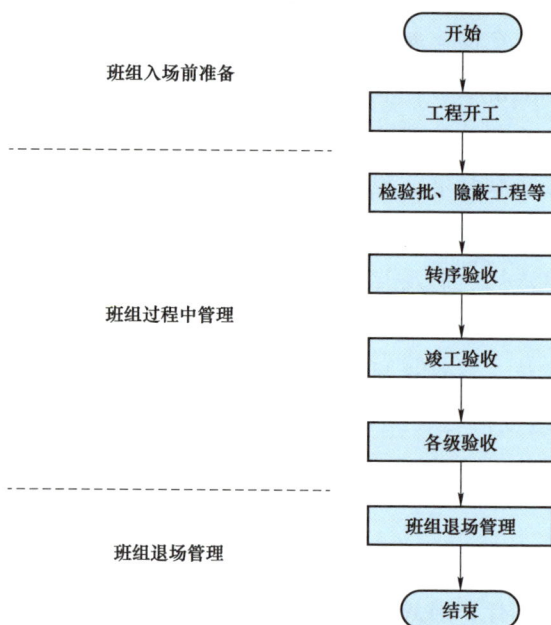

图 2-1　工程建设质量管理流程

任务 2.2　班组入场前准备

合理配置班组成员，参与方案编制及技术交底，了解参建工程质量通病及相关防治措施，熟知标准工艺及绿色施工相关要求，明确质量关键工序视频管控要求。

任务 2.3　班组过程中管理

做好原材送检、检验批自检、隐蔽工程提前告知、配合验收工作；根据项目要求落实好各项质量通病防治措施，使用典型施工方法，积极提升绿色施工智能化水平，配合做好质量关键工序视频监督检查工作。

任务 2.4　班组退场管理

班组退场前做好自检，得到管理方同意后方可退场。

|项目三　质量管理关键点|

任务 3.1　质量管理要求

明确分包合同签订时确定的工作内容及质量责任和义务（含档案资料）、工程质量目标、创优目标、质量违约责任、保修责任和期限等相关要求；通过项目部组织的交底会议，了解工程施工组织策划、创优策划、专项施工等方面的相关技术标准要求；明确参建工程质量管理流程。

任务 3.2　施工前准备

作业层班组人员有严格的准入标准，不合格人员不允许入场作业，一旦入场将进行全程信息化管理，从培训、信息上报、工资发放、违章信息方面进行全过程管控，不合格班组应及时清退。施工中应严格质量管控，前一工序验收并处理完所有缺陷，取得验收合格明确结论后，方可进入下一工序作业，严禁前一工序实体质量不合格即开展后续作业，防止因质量缺陷引发安全事故。

🔍 知识延伸

《国家电网有限公司关于全面加强基建施工作业单元管控长效机制建设的通知》（国家电网基建〔2020〕625号）　明确班组人员准入标准。对作业层班组成员分类分级管理，把好入口关，防止不合格人员入场作业。工程开工后，新入场的班组也应经核查合格后方可准入。合格的作业层班组应满足的条件包括：进场班组人员应满足准入条件，班组骨干和班组成员应相互熟悉、完成磨合，班组驻地应具备管理条件，安全防护用具、施工工机具等装备应由施工单位（或专业分包单位）足额配备并检验合格。

工程转序施工前，应按照开工准入模式和要求，对参与作业的班组（含同时实施上、下工序施工的班组）进行核查，合格后方可进入下一工序施工，确保工程转序前后作业单元始终处于受控状态。

强化转序阶段质检验收。前一工序验收并处理完所有缺陷，取得验收合格明确结论后方可进入下一工序作业，严禁前一工序实体质量不合格即开展后续作业，防止因质量缺陷引发安全事故。

任务 3.3　质量通病防治、标准工艺、绿色施工措施

班组骨干通过参与项目交底，班组成员参与班级交底，充分了解工程可能出现的质量通病，严格按照施工项目部要求进行质量通病防治，发现问题及时整改。班组在施工过程中应积极引用标准工艺，在满足行业标准的同时，精益求精，促使工程建设质量达到标准工艺标准。

🔍 知识延伸

严格执行工程建设标准强制性条文，全面实施标准工艺，落实质量强制措施及质量通病防治措施，通过数码照片等管理手段严格控制施工全过程的质量和工艺，及时对质量缺陷进行闭环整改。

《国家电网有限公司关于全面推进输变电工程绿色建造的指导意义》（国家电网基建〔2021〕367号）　输变电工程绿色施工应坚持以人为本，鼓励对传统施工工艺进行绿色化升级革新，积极应用先进工法，提高机械化应用水平和应用率，改善作业条件。推进绿色施工保护环境。积极应用施工扬尘控制、封闭降水及水收集综合利用、施工噪声控制等新技术。推广应用装配化施工工艺、干式施工工法及集成模块化部品部件，优先选用绿色材料，规范废弃物处理方式。推进绿色施工节约资源。积极采用精益化施工组织方式，减少资源的消耗与浪费。减少施工现场和临时用地的地面硬化，充分利用再生材料或可周转材料。推进绿色施工智能管控。按照项目要求，应用绿色施工在线监测评价技术，以数字化的方式对施工现场各项绿色施工指标数据进行实时监测，实现自动记录、统计、分析、评价和预警。

任务 3.4　质量关键工序视频监督检查要求

设备安装调试关键环节的"可视化"作为施工单位工程开工报审的必要条件。作业层班组应配合施工单位负责落实公司各项视频管控要求，合格规范布设视频摄像头。配合视频抽查工作并对抽查问题及时整改回复。

🔍 知识延伸

《**输变电工程质量视频管控工作手册**》　施工单位负责落实公司各项视频管控要求，合格规范布设视频摄像头，固定式摄像头应能覆盖设备安装总体平面布置，移动式摄像机应能清晰监控作业人员、设备和机械，并保证视频信号上传稳定顺畅。每日在"e基建"日报中填写变电工程主要电气设备到货、安装、调试、投运和故障情况。配合公司、省公司级等视频抽查，对检查问题进行整改回复。

线路工程质量视频管控重点针对基础开挖及验槽、钢筋工程、混凝土工程、接地体制作及安装、杆塔组立、紧固件安装检验、导地线展放、导地线压接、附件安装 9 项内容开展。其中钢筋工程、混凝土工程、接地体制作及安装、导地线压接 4 项工作为重点管控项目。

任务 3.5　工程过程中质量管理

班组应配合做好原材料送检工作；过程中做好检验批的自检，关键部位、关键工序施工前 48h 旁站告知（监理旁站方案）、隐蔽工程提前告知工作；在各级验收中，需做好质量问题的配合整改工作。

🔍 知识延伸

《**国家电网有限公司关于进一步加强输变电工程施工质量验收管理的通知**》（**国家电网基建〔2020〕509 号**）　输变电工程质量验收应在施工单位施工完毕、自检合格的基础上进行，依次开展检验批验收、分项工程验收、分部工程验收和单位工程验收。所有检验批经验收合格，质量验收记录齐全、完整后，方可开展分项工程验收。所有分项工程经验收合格，质量控制资料齐全、完整后，方可开展分部工程验收。所有分部工程经验收合格，质量控制资料齐全、完整后，方可开展单位工程验收。所有单位工程经验收合格后，工程方可开展启动验收。建设单位负责单位工程验收，组织运行、勘察、设计、监理、施工、调试及物资供应管理等单位（部门）相关人员开展验收。监理单位负责分部、分项工程及检验批验收。分部工程由总监理工程师组织施工项目经理、总工等进行验收。分项工程由专业监理工程师组织施工项目总工等进行验收。检验批由专业监理工程师组织施工项目部质检员、班组负责人等进行验收。各级质量验收负责人实行"实名制"备案，责任终身追溯。

各级验收人员要严格执行国网清单要求，到工程现场对实体质量进行实测实量，实时记录验收数据，确保实测实量项目完整、标准准确、过程规范及数据真实，提升质量验收水平及深度，把好质量验收出口关。建设、监理、施工单位要严格执行《输变电工程质量验收实测实量项目清单》要求，依法依规委托具有相应资质的第三方检测机构开展质量检测工作。质量检测试样的取样应在监理单位的见证下现场取样，确保其真实性。检测机构完成检测业务后，应及时提供经检测人员签字、加盖检测专用章的有效检测报告。严禁篡改、伪造或出具虚假检测报告。

隐蔽工程实施隐蔽前 48h 书面通知监理项目部对隐蔽工程进行验收。配合各级质量检查、质量监督、质量竞赛、质量验收（含消防设施）等工作，对存在的质量问题认真整改。

任务 3.6　班组退场管理

班组退场前应对合同范围内的工作做好梳理、自检，做到"工完、料尽、场地清"，确保达到工程质量标准，得到管理方同意后方可退场。

模块三 施工作业层班组标准化建设及管理

| 项目一 作业层班组建设标准 |

任务 1.1 班组建设标准

1. 班组基本岗位设置

原则上，班组均应设置班组负责人、班组安全员、班组技术员等岗位；现场作业人员可按专业设置高空作业、起重操作与指挥、电工、焊接、测量、机械操作（如绞磨操作、牵张机操作等）、压接作业等关键技术岗位，其余均为一般作业岗位。

2. 班组基本组织架构

班组组建应采取"班组骨干+班组技能人员+一般作业人员"模式，其中班组骨干为班组的负责人、安全员和技术员，班组技能人员包含核心分包人员，一般作业人员包含一般分包人员。班组在实际作业过程中，如需安排班组成员进行其他作业（如运输），班组负责人需指定作业面监护人，并在每日站班会记录中予以明确。班组负责人必须对同一时间实施的所有作业面进行有效掌控，一个班组同一时间只能执行一项三级及以上风险作业。

3. 架空线路班组组建原则

线路组塔、架线阶段由相应班组分别以单基塔、单个放线段为单元组织开展施工作业；原则上每套抱杆系统与一个固定组塔班组配套，每套牵张设备与一个固定架线班组配套。

线路基础班组可采取柔性建制，班组下设若干作业面（即以塔基为单位的施工作业点）。

思 考 题

1. **多选题**：原则上作业层班组均应设置（　　　）等岗位。

A. 班组负责人　　　　　　　　　B. 班组安全员

C. 班组技术员　　　　　　　　　D. 班组管理员

答案：ABC

2. **判断题**：班组组建应采取"班组骨干+班组技能人员+一般作业人员"模式。　　　　　　　　　　　　　　　　　　　　　　　　　　　　（　　　）

答案：正确

3. **判断题**：对于三级及以上的风险作业点施工，班组骨干人员无须全程到位指挥、监护。　　　　　　　　　　　　　　　　　　　　　　（　　　）

答案：错误

正确答案：对于三级及以上的风险作业点施工，班组骨干人员须全程到位指挥、监护。

任务 1.2　作业层班组岗位职责

1. 班组负责人

（1）负责班组日常管理工作，对施工班组（队）人员在施工过程中的安全与职业健康负直接管理责任。

（2）负责工程具体作业的管理工作，履行施工合同及安全协议中承诺的安全责任。

（3）负责执行上级有关输变电工程建设安全质量的规程、规定、制度及安全施工措施，纠正并查处违章违纪行为。

（4）负责新进人员和变换工种人员上岗前的班组级安全教育，确保所有人经过安全准入。

（5）组织班组人员开展风险复核，落实风险预控措施，负责分项工程开工前的安全文明施工条件检查确认。

（6）掌握"三算四验五禁止"安全强制措施内容，对作业中涉及的"五禁止"内容负责。

（7）负责"e基建"中"日一本账"计划填报；负责使用"e基建"填写施工作业票，全面执行经审批的作业票。

（8）负责组织召开每日站班会，作业前进行施工任务分工及安全技术交底，不得安排未参加交底或未在作业票上签字的人员上岗作业。

（9）配合工程安全、质量事件调查，参加事件原因分析，落实处理意见，及时改进相关工作。

2. 班组安全员

（1）负责组织学习贯彻输变电工程建设安全工作规程、规定和上级有关安全工作的指示与要求。

（2）协助班组负责人进行班组安全建设，开展安全活动。

（3）掌握"三算四验五禁止"安全强制措施内容，对作业中涉及的"四验"内容负责。

（4）负责施工作业票班组级审核，监督经审批的作业票安全技术措施落实。

（5）负责审查施工人员进出场健康状态，检查作业现场安全措施落实，监督施工作业层班组开展作业前的安全技术措施交底。

（6）负责施工机具、材料进场安全检查，负责日常安全检查，开展隐患排查和反违章活动，督促问题整改。

（7）负责检查作业场所的安全文明施工状况，督促班组人员正确使用安全防护用品和用具。

（8）参加安全事故调查、分析，提出事故处理初步意见，提出防范事故对策，监督整改措施的落实。

3. 班组技术员

（1）负责组织班组人员进行安全、技术、质量及标准工艺学习，执行上级有关安全技术的规程、规定、制度及施工措施。

（2）掌握"三算四验五禁止"安全强制措施内容，对作业中涉及的"三算"内容负责。

（3）负责本班组技术和质量管理工作，组织本班组落实技术文件及施工方案要求。

（4）参与现场风险复测、单基策划及方案编制。

（5）组织落实本班组人员刚性执行施工方案、安全管控措施。

（6）负责班组自检，整理各种施工记录，审查资料的正确性。

（7）负责班组前道工序质量检查、施工过程质量控制，对检查出的质量缺陷上报负责人安排作业人员处理，对质量问题处理结果检查闭环，配合项目部组织的验收工作。

（8）参加质量事故调查、分析，提出事故处理初步意见，提出防范事故对策，监督整改措施的落实。

4. 班组其他人员

（1）自觉遵守本岗位工作相关的安全规程、规定，取得相应的资质证书，不违章作业。

（2）正确使用安全防护用品、工器具，并在使用前进行外观完好性检查。

（3）参加作业前的安全技术交底，并在施工作业票上签字。

（4）有权拒绝违章指挥和强令冒险作业；在发现直接危及人身、电网和设备安全的紧急情况时，有权停止作业。

（5）施工中发现安全隐患应妥善处理或向上级报告；及时制止他人不安全作业行为。

（6）在发生危及人身安全的紧急情况时，立即停止作业或者在采取必要的应急措施后撤离危险区域，第一时间报告班组负责人。

（7）接受事件调查时应如实反映情况。

🔍 **思 考 题**

多选题：下面属于班组一般作业人员安全责任的是（　　）。

A. 积极参加入场安全教育和班前"三交"，熟悉作业风险点及预控措施

B. 服从管理

C. 组织作业人员安全施工

D. 正确使用安全工器具和个人防护用品开展作业

答案：ABD

任务 1.3　驻地建设

班组驻地选择应综合考虑班组人员数量、出行距离、施工机械设备、工程车辆、工程材料用量等因素，建议与属地供电公司协商，利用闲置的供电所等资源进行建设。

班组驻地应设置办公室（会议室）、员工宿舍、员工食堂、独立区域的机

具材料库房等，以满足班组日常生活、食宿和工器具堆放要求。

1. 公用活动区设置

班组驻地公用活动区悬挂工程建设目标、应急联络牌、施工风险管控动态公示牌、班组骨干人员公示牌等。

2. 办公区设置

班组驻地应设置办公室（会议室），具备办公、会议召开、班组学习等条件，场地应布置合理、整洁、基本办公设施齐全。

3. 生活区设置

（1）宿舍应保持干净、整洁、卫生，确保人员休息好、生活好；被褥、被单等床上用品可统一规格。宿舍示例如图3-1所示。

图3-1　宿舍示例

（2）驻地生活区应设置淋浴间，提供洗浴、盥洗设施，满足班组人员的日常洗漱需求。

4. 食堂及卫生要求

（1）员工食堂应配备不锈钢厨具、餐桌椅等设施；员工食堂应干净整洁卫生，符合卫生防疫及环保要求。

（2）食堂的消防设施应重点设置，储存燃气罐应单独设置存放间或安装燃气报警系统，存放间要求通风良好。

（3）食堂工作人员须取得《健康证》后方可上岗。凡患有痢疾、伤寒、病毒性肝炎等消化道传染病以及有碍于食品卫生疾病的，不得从事食堂工作。应保持良好的个人卫生，如有咳嗽、腹泻、发烧、呕吐等疾病时，应向班组负责人请假，暂离工作岗位。

（4）食堂应对食品采购、储藏、加工、出售等重要环节进行控制，做到采购食品新鲜，无污染，储藏食品无变质，加工过程科学、卫生。确保不发生食物中毒事件。

食堂及卫生要求示例见图 3-2。

图 3-2　食堂及卫生要求示例

任务 1.4　机具堆放和管理

（1）班组应设置独立的施工工具、安全工具（含绝缘工器具、防护工器具、文明施工设施）临时摆放区域，用货架摆放整齐，定置管理，标识清楚、规范，并应有防火、防潮、防虫蛀、防损坏等可靠措施。场地条件允许的，可设置独立库房对工器具和材料进行管理。

（2）进场设备材料应按分区堆放和管理，不得随意更换位置，堆放要整齐、有序、有标识。各现场材料和工器具等应表面清洁、摆（挂）放整齐、标识齐全、稳固可靠，中、小型机具露天存放应设防雨设施。

（3）设专人管理，建立工具定期检查和预防性试验台账，做到账、卡、物相符，试验报告、检查记录齐全。每月例行检查、维护，确保工具完好，发现不合格或超试验周期的应另外存放并做出禁止使用标识。

任务 1.5　消防设施

（1）易燃易爆物品、仓库、宿舍、办公区、加工区、配电箱及重要机械设备附近，按规定配备合格、有效的消防器材，并放在明显、易取处。消防器材使用标准的架、箱，应有防雨、防晒措施，每月检查并记录检查结果，定期检验，保证处于合格状态。按照相关规定，根据消防面积、火灾风险等级设置，数量配置充足。

（2）消防设施应符合《施工现场消防安全管理条例》中相关规定，按要求配备相应的消防安全器具，确保消防设施和器材的完好有效，保持消防通道畅通。

（3）宿舍、办公用房在 200m² 以下时应配备两具 MF/ABC3 灭火器，每增加 100m² 时，增配一具 MF/ABC3 灭火器。会议室、食堂、配电房等须单独配置两具 MF/ABC3 灭火器。材料库须单独配置四具 MF/ABC3 灭火器。

（4）灭火器应设置在位置明显和便于取用的地点。灭火器的摆放应稳固，其铭牌朝外。灭火器设置在室外时，应有相应的保护措施，并在灭火器的明显位置张贴灭火器编号标牌及使用方法。

消防设施配备见图 3－3。

图 3－3　消防设施配备

🔍 思 考 题

1. 单选题：进场设备材料应按（　　）堆放和管理，不得随意更换位置，堆放要整齐、有序、有标识。

　　A. 集中　　　　　B. 大小　　　　　C. 分区　　　　　D. 分散

答案：C

2. 单选题：消防器材使用标准的架、箱，应有防雨、防晒措施，（　　）检查并记录检查结果，定期检验，保证处于合格状态。

　　A. 每月　　　　　B. 每周　　　　　C. 每季度　　　　　D. 每年

答案：A

|项 目 二　班 组 日 常 管 理|

任务 2.1　作业前工作准备

1. 班组人员进（出）场管理

（1）工程开工前、班组全员到位后，班组负责人组织开展班组成员面部信息采集工作。依托"e 基建"对所有班组成员与作业人员信息库进行匹配，实现手机扫脸签名（现场扫脸即可转化为电子签名）。新进班组人员必须按流程及时采集入库。未按要求完成班组成员信息关联固化的，无法参加施工作业票、站班会、日常作业及考勤。班组人员全面实施实名制管控，必须在公司统一的实名制作业人员信息库中。

（2）班组核心人员及一般作业人员如需调整，应征得项目部同意；班组骨干人员如需调整，由项目部履行变更报审手续，经监理项目部审批后，及时在系统中办理人员进出场相关手续。班组施工结束，需经项目部同意，在"e 基建"中履行退场手续，否则无法在其他工程录入关联信息。

2. 入场培训

班组所有作业人员均需参加公司统一的安规准入考试，合格后方可上岗。凡增补或更换作业人员，根据其岗位，在上岗前必须通过相应安全教育考试，入场考试不合格的作业层班组人员严禁进入施工现场进行作业。

3. 进场培训

（1）班组所有作业人员均需通过岗前培训考试，准入考试不替代岗前培训考试。

（2）对工艺标准，相关安全质量事故进行学习。

（3）工程开工、转序、新班组入场前，由监理对培训情况进行核实，岗前培训考试合格的班组人员方可进场开展作业。

4. 过程培训

（1）班组全员应参加项目部组织开展安全教育培训、安全日学习、岗位练兵活动，提高自身的安全意识、安全操作技能和自我保护能力。所有作业人员应学会自救互救方法、疏散和现场紧急情况的处理，应掌握消防器材的使用方法。

（2）班组负责人组织班组全员进行安全学习，执行上级有关输变电工程建设安全质量的规程、规定、制度、安全事故及安全施工措施，并负责新进人员和变换工种人员上岗前的班组级安全教育，并记录在班组日志中。

5. 施工方案及交底

（1）班组技术员参与施工方案编写。

（2）班组骨干应参加项目部组织的安全技术及施工方案交底，清楚施工工艺、质量、安全及进度要求。

（3）班组骨干负责对班组成员施工过程的工艺、安全、质量等要求进行交底，班组级交底可通过宣读作业票实施。

🔍 思 考 题

1. 判断题：准入考试可以替代岗前培训考试。　　　　　　（　　）

答案：错误

2. 单选题：（　　）负责新进人员和变换工种人员上岗前的班组级安全教育。

A. 安全员　　　　B. 班组负责人　　　C. 安全监护人　　　D. 技术员

答案：B

3. 单选题：作业层班组开展安全活动是（　　）1 次，检查总结、安排布置安全工作。

A. 每天　　　　　B. 每周　　　　　C. 每旬　　　　　D. 每月

答案：B

任务 2.2　作业过程管理

1. 作业计划管控

（1）班组负责人根据项目部交底、施工方案及作业指导书，结合施工安全风险复测，提前在"e 基建"编制施工作业票，明确人员分工、注意事项及补充控制措施，提交流转至审核人处（A 票由班组安全员、技术员审核，B 票由项目部安全员、技术员审核）。

（2）施工作业票完成线上审批流程后，班组负责人需确认作业条件。确定人员、机械设备、材料均已到位，现场无恶劣天气、民事问题等干扰因素后，一般应于作业前一天在"e 基建"中发起作业许可申请，报送"日一本账"计划。确认无误后，同步推送至各级管理人员"e 基建"。

（3）班组负责人要全程掌握作业计划发布、执行准备和实施情况，无计划不作业，无票不作业。

（4）作业过程中如遇极端天气、民事阻挠等情况导致停工，班组负责人可在"e基建"中进行"作业延期"，同步推送各级管理人员"e基建"。

2. 作业风险管控

（1）线路班组应配备接送人员上下班的专用载人车辆（宜租用中巴车），车辆购置或租用手续应完备，司机应检查车况，确保车况良好，年检应合格有效，车上应配备灭火器。车辆使用过程中严禁人货混装，严禁超员超载。不得通过危桥及不安全路段。

（2）每日作业前，班组负责人应复核现场作业环境，确认风险无变化后根据当日作业情况填写《每日站班会及风险控制措施检查记录》，组织班组人员召开站班会，按要求开展"三交三查"，交代当日主要工作内容，明确当日作业分工，提醒作业注意事项，落实安全防护措施。交底过程全程录音存档，所有人员在"e基建"签名。

（3）每日作业前，安全员应检查现场施工设备、机具状况，确保设备、机具状况良好，接地可靠。

（4）作业过程中，班组安全员（作业面监护人）需对涉及拆除作业、超长抱杆、深基坑、索道、水上作业、反向拉线、不停电跨越、近电作业等已经发生过的事故类似作业和特殊气象环境、特殊地理条件下的作业，严格落实安全强制措施管理要求，坚决避免触碰"五条红线"及"十不干"。

（5）班组负责人应掌握"五禁止"，安全员应掌握"四验"，技术员应掌握"三算"，应对施工质量把关。

（6）作业过程中，班组安全员（作业面监护人）需对施工现场安全风险控制措施、强制措施落实情况进行复核、检查，在作业过程中纠正班组人员的违章作业行为。

（7）三级及以上风险作业现场，班组负责人需全程到岗监督指挥，班组安全员到岗监护。

（8）三级及以上风险应实施远程视频监控，班组负责人负责按照相关规定，在合适位置设置移动远程视频监控装置。

3. 收工会及注意事项

（1）当日收工前，班组骨干组织进行自查，重点检查拉线、地锚是否牢靠，用电设备、施工工器具是否收回整理，是否做好防雨淋等保护措施；配电箱等是否已断电，杆上有无遗留可能坠落的物件，"8+2"类工况安全控制措施是否落实到位，留守看夜人员是否到位，值班棚是否牢固，是否存在煤气中毒等隐患，并对撤离人员进行清点核对（"e基建"中）。

（2）每日作业结束后，班组负责人应确认全部人员安全返回，向项目部报告安全管理情况。总结分析填写当日施工内容及进度、现场安全控制措施落实情况及次日施工安排等。

4. 安全文明施工管理

（1）班组应设置好现场安全文明施工标准化的设施，并严格按照文明施工要求组织施工。施工区域应进行围护，孔、洞应安全覆盖。

（2）发生环境污染事件后，班组负责人应立即向项目部报告，采取措施，可靠处理；当发现施工中存在环境污染事故隐患时，应暂停施工并汇报项目部。

5. 施工机械及工器具管理

（1）班组安全员负责对施工机具进行进场前检查，检查中发现有缺陷的机具应禁止使用，及时标注并向项目部申请退换。

（2）班组应建立施工机具领用及退库台账，同时建立日常管理台账，每日作业前应进行施工机具安全检查。

（3）机械设备（包括绞磨、压接机等）严禁未经培训取证人员随意操作，不可随意拆卸、更换，严格按操作规程操作。

（4）班组负责人指定专人集中保管施工机具，负责日常维护保养，对正常磨损且不能自行保养、维修的由班组向项目部提出申请进行更换及保养。

6. 班组应急管理

（1）班组应急管理要求。

1）班组所有人员应参加应急演练，参与应急救援。施工现场应配备急救器材、常用药品箱等应急救援物资，施工车辆宜配备医药箱，并定期检查其有效期限，及时更换补充。

2）班组人员应参加项目部组织的应急管理培训，全员学习紧急救护法，会正确解脱电源，会心肺复苏法，会止血、会包扎，会转移搬运伤员，会处理急救外伤或中毒等。

（2）班组应急组织流程。

1）突发事件发生后，班组人员应立即向班组负责人报告，班组负责人立即下令停止作业，即时向项目负责人汇报突发事件发生的原因、地点和人员伤亡等情况。

2）班组负责人在项目部应急工作组的指挥下，在保证自身安全的前提下，组织应急救援人员迅速开展营救并疏散、撤离相关人员，控制现场危险源，封锁、标明危险区域，采取必要措施消除可能导致次（衍）生事故的隐患，直至应急响应结束。

3）应急救援人员实施救援时，应当做好自身防护，佩戴必要的呼吸器具、救援器材。

4）应急处置过程中，如发现有人身伤亡情况，要结合人员伤情程度，对照现场应急工作联络图，及时联系距事发点最近的医疗机构（至少两家），分别送往救治。

5）配合项目部做好相关人员的安抚、善后工作。

7. 防疫要求

（1）班组负责人组织对进场人员进行实名登记，最大限度地减少现场人员流动；对所有进入现场人员一律测量体温，发烧、咳嗽等症状者禁止进入工地，如有发烧、咳嗽等症状者立即向项目部汇报。确保做到早发现、早报告、早隔离、早处置。

（2）班组需配备齐全的疫情防控物资，包括口罩、体温检 测仪、消毒物资等，避免无防护措施施工作业情况发生。

（3）班组成员应尽快完成新冠疫苗接种工作。

🔍 **思考题**

1. 简答题：开展站班会"三交三查"主要指什么？

答案："三交"指交任务、交技术、交安全；"三查"是查衣着、查三宝（安全帽、安全带、安全网）、查精神状态。

2. 判断题：作业层班组骨干负责对领用的机械、工器具等进行日常维护保养，确保满足施工要求，并建立相应的施工机具管理台账。劳务分包队伍班组不得自带工具。　　　　　　　　　　　　　　　　　　　（　　）

答案：正确

3. 单选题：班组应急救援人员实施救援时，应当做好自身防护，佩戴必要的（　　）。

A. 安全帽　　　　　　　　　　B. 安全带

C. 安全绳　　　　　　　　　　D. 呼吸器具、救援器材

36

答案：D

4. **简答题**：当出现发热、咳嗽时应该怎么处理？

答案：对所有进入现场人员一律测量体温，发烧、咳嗽等症状者禁止进入工地；确保做到早发现、早报告、早隔离、早治疗。

5. **判断题**：作业层班组如需使用船舶，应遵循水运管理部门或海事管理机构有关规定。作业层班组使用的船舶应安全可靠，船舶上应配备救生设备，并签订安全协议。　　　　　　　　　　　　　　　　　　　　　（　　）

答案：正确

|项目三　班组考核管理|

任务 3.1　班组考核管理

1. 施工单位对班组的考核管理

施工单位要组织制订发布班组绩效考核标准、班组内部成员考核标准，分级开展考核，建立向班组倾斜的薪酬分配体系和考核激励实施细则，将绩效与收入挂钩，坚持权、责、利对等原则。

2. 项目部对班组的考核管理

施工项目部要结合工程特点，制订班组绩效考核标准，定期对班组进行绩效考核。对照考核标准进行量化考核，考核结果将作为班组骨干薪酬分配和考核激励的重要依据。

3. 考核结果的应用

班组负责人负责班组成员的绩效考核。班组负责人根据班组作业人员现场表现及违章情况，对班组成员落实人员违章积分管理，每月定期汇总积分考核情况，报送项目部。考核结果作为对班组成员薪酬分配和安全评价重要依据。

思考题

单选题：班组负责人根据班组作业人员现场表现及违章情况，对班组成员落实人员违章积分管理，（　　　）定期汇总积分考核情况，报送项目部。

A. 每年　　　　B. 每季度　　　　C. 每月　　　　D. 每周

答案：C

模块四 基础施工基本技能

|项目一 施工技术准备|

任务 1.1 基础类型

1. 原状土基础

原状土基础是指利用机械（或人工）在天然土（岩）中直接钻（挖）成所需要的基坑，将钢筋骨架和混凝土直接浇注于基坑内而成的基础，通常指岩石基础、锚杆基础、掏挖基础、挖孔桩。

岩石基础是指通过水泥砂浆或细石混凝土在岩孔内的胶结，使锚筋与岩体结成整体的岩石锚杆基础；利用机械（或人工）在岩石地基中直接钻（挖）成所需要的基坑，将钢筋骨架和混凝土直接浇注于岩石基坑内而成的岩石嵌固基础。锚杆基础是锚杆作为主要受拉构件的基础型式，主要包括岩石锚杆基础、土层锚杆基础、复合式锚杆基础、螺旋锚基础。掏挖基础是指将钢筋骨架和混凝土直接浇入人工掏挖成型的土胎内一次浇注成型的基础，见图4-1。上部按普通基础开挖、底板在原状土内的掏挖基础称为半掏挖基础。

2. 混凝土台阶式基础

混凝土台阶式基础是指基础底板的台阶高宽比不小于1.0，基础底板内不配置受力钢筋的混凝土基础，简称台阶基础，见图4-2。

3. 钢筋混凝土板柱基础

钢筋混凝土板柱基础是指立柱和底板内均配置受力钢筋，其底板的台阶宽高比不小于1.0（不宜大于2.5）的钢筋混凝土基础，简称板柱基础，见图4-3。当基础的立柱与基础底板不垂直时，称为斜柱基础。

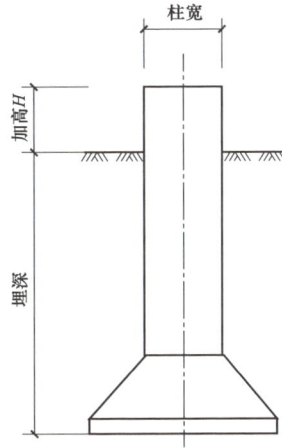

图 4-1　掏挖基础

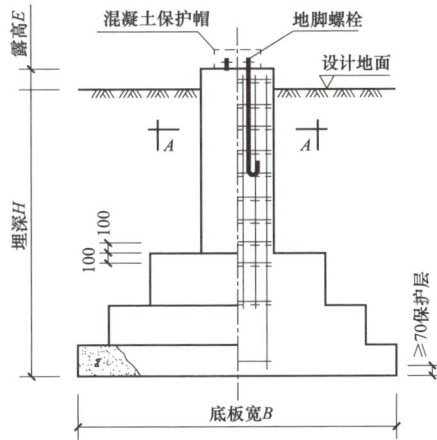

图 4-2　混凝土台阶式基础

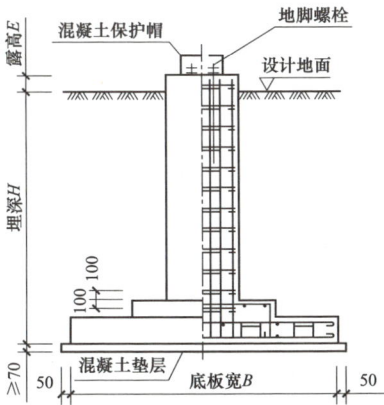

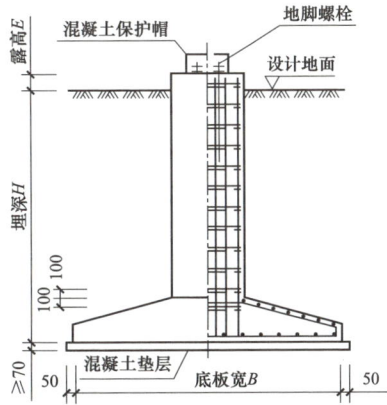

图 4-3　钢筋混凝土板柱基础

4. 桩基础

桩基础是指由基桩或基桩和连接于桩顶端的承台组成的基础。桩基础分为单桩基础和群桩基础，见图4-4。

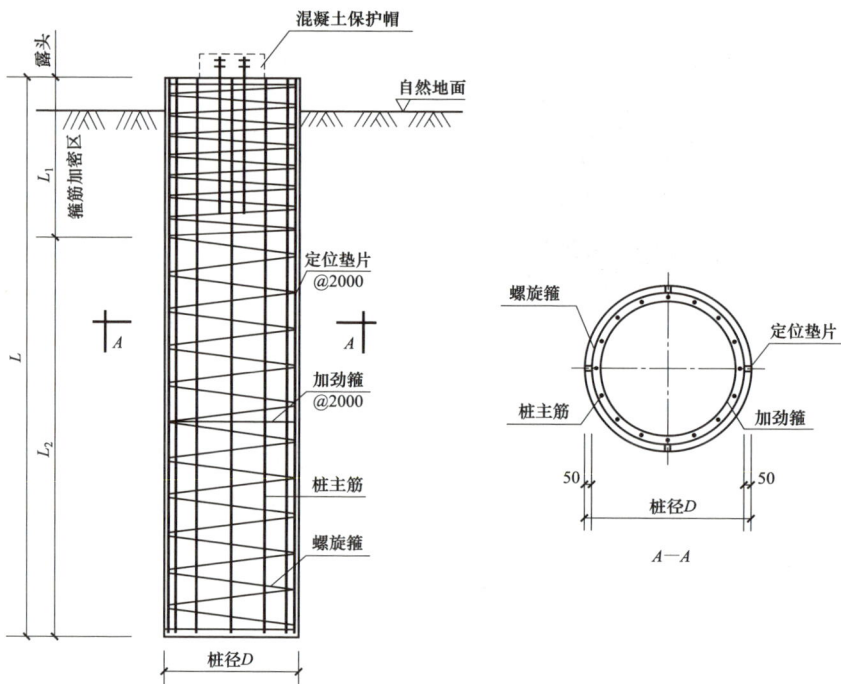

图4-4 钻孔灌注桩基础

5. 不等高基础

在一基塔的基础中某一个腿的基础，其立柱露出设计基面线的高度 H_0 与其他腿基础不同时，称为不等高基础，见图4-5。

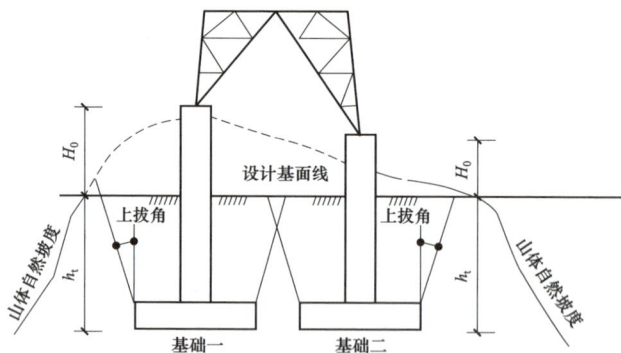

图4-5 不等高基础

6. 筏板基础

筏板基础是指铁塔四个基础主柱用一个底板连成整体的基础。

7. 装配式基础

装配式基础是指用两个或两个以上预制构件拼装组合而成的基础。

8. 复合式沉井基础

上部为混凝土承台，下部是薄壁钢筋混凝土沉井联合组成的基础，称为复合沉井基础。

9. 预制基础

预制基础是指采用工厂化一次性预制而成的（如电杆的底盘、拉盘、卡盘等）基础。

思考题

1. 单选题：下面关于混凝土台阶式基础说法正确的是（　　　）。

A. 基础底板的台阶高宽比不小于 2.0

B. 基础底板内不配置受力钢筋

C. 基础底板内配置受力钢筋

D. 基础底板的台阶高宽比小于 1.0

答案：B

2. 判断题：桩基础分为单桩和群桩基础。　　　　　　　　（　　　）

答案：正确

3. 多选题：原状土基础包括（　　　）。

A. 岩石基础　　　B. 锚杆基础　　　C. 掏挖基础　　　D. 挖孔桩

答案：ABCD

任务 1.2　班组交底

施工作业前，工作负责人根据施工图纸、设备说明书、已批准的施工方案及上级交底相关内容等资料，编制施工作业票，并通过站班会宣读作业票等形式，每天对班组全体作业人员进行交底。交底内容主要是施工内容、保证安全质量的措施和质量标准，一般包括以下内容：

（1）作业场所和工作岗位可能存在的风险因素、防范措施以及现场应急处置方案。

（2）施工内容和工程量。

（3）施工图纸解释（包括设计变更和设备材料代用情况及要求）。

（4）质量标准和特殊要求；保证质量的措施；检验、试验和质量检查验收评级依据。

（5）施工步骤、操作方法和采用新技术的操作要领。

（6）安全文明施工保证措施，职业健康和环境保护的要求保证措施。

（7）技术和物资供应情况。

（8）施工工期的要求和实现工期的措施。

（9）施工记录的内容和要求。

（10）其他施工注意事项。

（11）作业人员在交底书（e 基建）上签字确认。

🔍 思 考 题

判断题： 参与交底的作业人员无需在交底书上签字。　　　（　　）

答案： 错误

正确答案： 参与交底的作业人员需在交底书上签字。

任务 1.3　施工技术档案填写

1. 施工技术档案填写和管理

（1）应准备的技术文件有杆塔明细表、杆塔基础配置表、基础施工手册、基础施工技术措施。

（2）基础施工手册是根据实际图纸及施工说明编写的基本设计内容，包括基础图、单基材料表、分坑尺寸表、中心桩位移值及其他说明等。

（3）基础施工技术措施的内容包括基础工序的施工方法、质量要求、安全措施及工器具配置等。

（4）每项工程的第一基基础或新型式基础的第一基施工均应组织基础施工试点。试点工作应明确试点目的、参加人员、试点班组、试点的桩号，试点后应编写试点小结。220kV 及以上电压等级线路的试点工作由项目技术负责人组织。

（5）基础工序开工前应组织施工人员参加技术交底，交底内容应包括施工手册和技术措施的有关规定和要求。

基础专业分包班组自检率 100%。由各分包单位负责人组织所属班组自行实施。各分包班组长负责，验收结果及整改情况上报项目部专职质量管理人员；自检工作结束后，经现场管理人员签字确认后，方可申请项目部复检，避免重复验收。

2. 作业层班组隐蔽工程管理要求

（1）隐蔽工程项目必须按施工项目实际的真实情况进行有效地记录并附图表形式或照片，按照《国家电网公司关于印发〈基建质量日常管控体系精简优化实施方案〉的通知》（国家电网基建〔2018〕294 号）的要求留存影像资料。

（2）隐蔽工程检查验收，应提前将计划报送至项目部，确保项目部在隐蔽工程隐蔽前 48h 以旁站/隐蔽告知单形式书面告知监理单位。

（3）监理项目部在隐蔽前组织相关人员对隐蔽工程进行验收，作业层班组人员应配合并填写隐蔽工程验收签证记录，监理检查合格签证后方可隐蔽。

（4）未经签证的隐蔽工程严禁进行下一道工序。

3. 作业层班组档案信息管理要求

（1）应及时完善施工质量档案，施工档案随工程进度同步形成，并保证资料的真实性、合法性、完整性和准确性，保持与项目部沟通，做到档案及时准确、真实可靠。

（2）施工记录应按原始记录填写，要齐全、清楚、真实，并有检查人、施工负责人及监理工程师的亲笔签字，不得以盖章代替签字。

（3）按照《国家电网公司关于印发〈基建质量日常管控体系精简优化实施方案〉的通知》（国家电网基建〔2018〕294 号）的要求留存项目影像资料。

🔍 思考题

多选题：施工技术档案应准备的技术文件有（   ）。

A. 杆塔明细表

B. 基础施工手册

C. 基础施工技术措施

D. 杆塔基础配置表

答案：ABCD

项目二 施 工 测 量

任务 2.1 路径复测

（1）根据《110kV～750kV 架空输电线路施工质量检验及评定规程》（DL/T 5168—2016），检查项目见表 4-1。

表 4-1　　　　　　　　　　　　检 查 项 目

序号	检查项目	检验标准（允许偏差）	检查方法
1	转角桩角度	±1′30″	经纬仪、全站仪、卫星定位测量
2	档距（%）	±1	经纬仪、全站仪、卫星定位测量
3	被跨越物高程（m）	±0.5	经纬仪、全站仪测量
4	杆（塔）位高程（m）	±0.5	经纬仪、全站仪测量
5	地形凸起点① 高程（m）	0.5	经纬仪、全站仪测量
6	直线塔桩横线路位置偏移（mm）	50	经纬仪、全站仪、钢尺测量
7	被跨越物与邻近杆（塔）位水平距离（%）	±1	经纬仪、全站仪、卫星定位测量
8	地形凸起点、风偏危险点与邻近杆（塔）位的水平距离（%）	±1	经纬仪、全站仪、卫星定位测量

① 地形凸起点系指地形变化较大、导线对地距离有可能不够的地形凸起点。

（2）使用经纬仪和全站仪测量时，其精度等级不应低于 2″级。卫星定位测量应采用 10mm＋0.005‰级仪器。

（3）档距复测宜采用全站仪或卫星定位施测。施测时应以设计提供的坐标值为依据进行检验或校核，塔位中心桩与前后方向桩的距离不宜小于 100m。

（4）复测有下列情况之一时，应查明原因并予以纠正：

1）以相邻两直线桩为基准，其横线路方向偏差大于 50mm，见图 4-6。

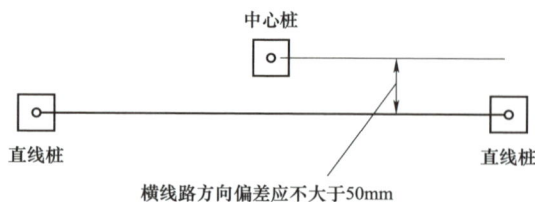

图 4-6　偏差大于 50mm

2）杆塔位中心桩或直线桩的桩间距离相对设计值的偏差大于1%，见图4－7。

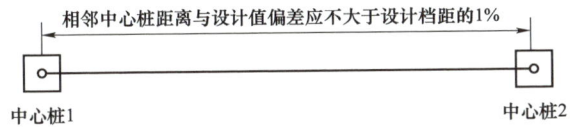

图4－7　偏差大于1%

3）转角桩的角度值，用方向法复测时对设计值的偏差大于1′30″，见图4－8。

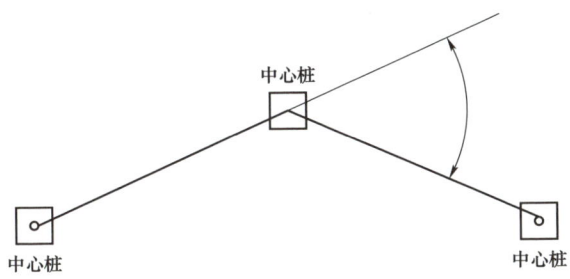

图4－8　偏差大于1′30″

4）转角杆塔中心桩位移未满足设计要求；塔基断面与设计文件不符。

（5）测量时应重点复核导线对地距离（含风偏）有可能不够的地形凸起点的标高、杆塔位间被跨越物的标高及相邻杆塔位的相对高差。实测值相对设计值的偏差不应超过 0.5m，超过时应会同设计方查明原因。

（6）设计交桩后丢失的杆塔位中心桩应按设计数据予以补桩，并应符合相关要求。

（7）杆塔位中心桩移桩采用钢卷尺测量时，两次测值之差不得超过量距的1‰。

🔍 思考题

1. 单选题：复测时以相邻两直线桩为基准，其横线路方向偏差不大于（　　）mm。

A. 100　　　　　B. 50　　　　　C. 200　　　　　D. 150

答案：B

2. 单选题：使用经纬仪和全站仪测量时，其精度等级不应低于（   ）级。

A. 1″　　　　　　B. 2″　　　　　　C. 3″　　　　　　D. 5″

答案：B

3. 多选题：测量时应重点复核的项目有（   ）。

A. 导线对地距离（含风偏）有可能不够的地形凸起点的标高

B. 杆塔位间被跨越物的标高

C. 相邻杆塔位的相对高差

答案：ABC

任务2.2　基础分坑

1. 直线塔基础分坑

直线塔基础分坑方法示意图见图4－9，在铁塔中心桩 O 处设置经纬仪调平，前视辅桩 A，将水平度盘对准零，顺时针旋转望远镜45°钉水平桩 P3，沿 OP3 方向自 O 点量 l_1、l_2 分别定出 1、2；以 1、2 点为基准，用 2a 取中法（a 为坑口宽度，取尺长为 2a，将两端头对准 1、2 点，用手指勾住尺的 a 处，向外拉直角即得出坑角 3、4 点）定出 3、4 点；1、3、2、4 点围成的方框即为坑口范围；再顺时针旋转望远镜至135°、225°、315°钉水平桩 P4、P1、P2，按上述方法定出其余三个坑的坑口范围。相关公式如下

$$l_0 = \frac{\sqrt{2}}{2}x$$

$$l_1 = \frac{\sqrt{2}}{2}(x+a)$$

$$l_2 = \frac{\sqrt{2}}{2}(x-a)$$

式中　l_0——基础中心对角线尺寸之半，mm；

　　　x——基础根开，mm；

　l_1、l_2——坑口外、内角距中心桩间的水平距离，mm；

　　　a——坑口宽度，mm。

2. 转角塔基础分坑

（1）中心桩无位移转角塔基础。对于中心桩无位移转角塔基础，线路转角桩就是塔位中心桩，分坑方法示意图如图4－10所示。

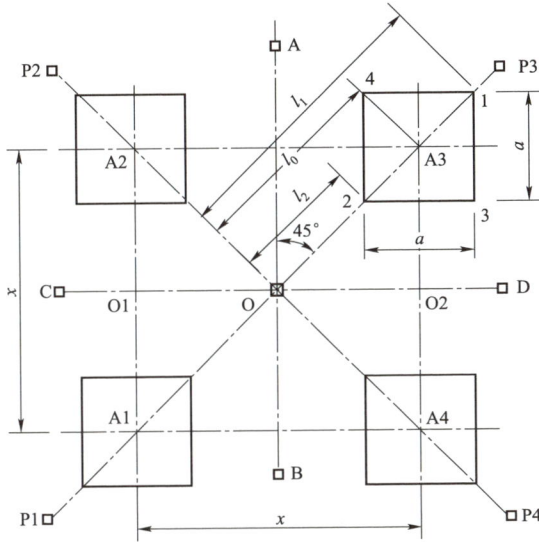

图 4-9　直线塔基础分坑方法示意图

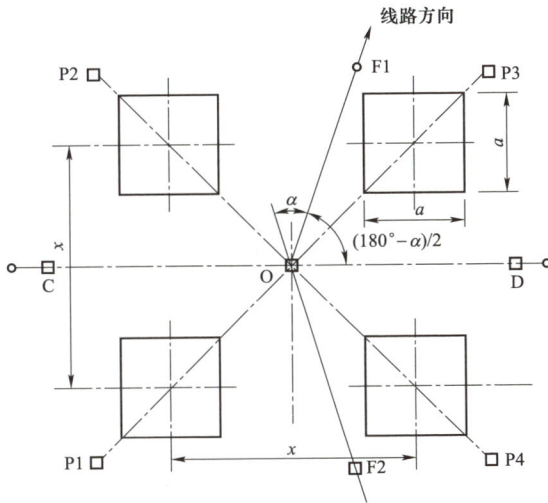

图 4-10　中心桩无位移转角塔基础分坑方法示意图

分坑时将经纬仪安放中心桩 O 处，按照（$180°-\alpha$）/2 打分角桩定出二等角分线，将角分线归零，正反转 45°打出对角桩分坑，尺寸计算如同直线基础分坑一样。

（2）中心桩有位移的转角塔基础。对于中心桩有位移的转角塔基础，即线路转角桩与塔位中心桩有一段位移距离 S，分坑方法示意图如图 4-11 所示。

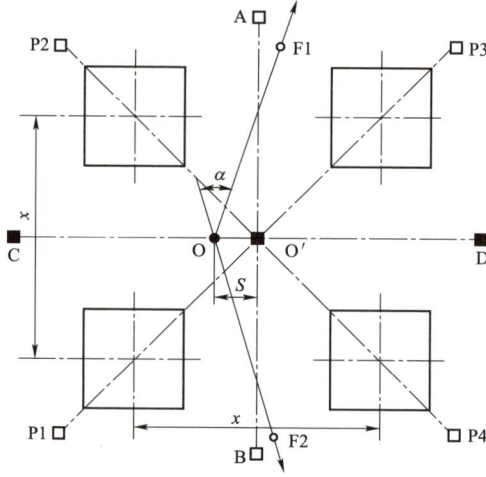

图 4-11　中心桩有位移的转角塔基础分坑方法示意图

在（180°-α）/2 内角分角线位移，自 O 点起量 $OO'=S$，钉 O'桩，该桩为位移后的塔位中心桩；将经纬仪平安在塔位位移中心桩 O'处，按中心桩无位移转角塔基础方法进行分坑。

3. 高低腿基础分坑

全方位不等高斜柱铁塔基础分坑是以塔位中心桩为基准，采用单腿半对角线分坑法，分坑方法示意图如图 4-12 所示。根据基础各个基础基面与中心桩

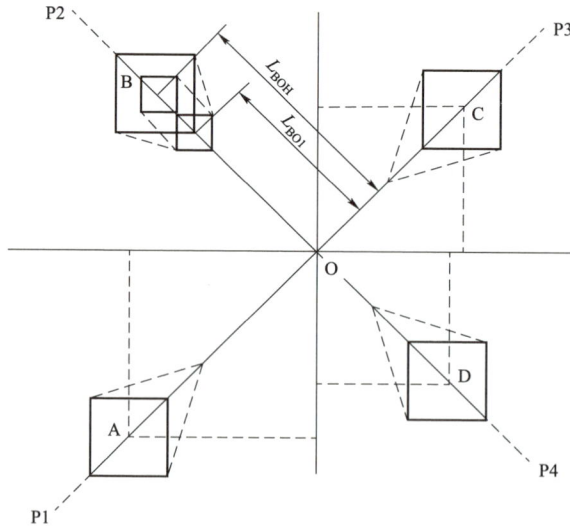

图 4-12　全方位不等高斜柱铁塔基础分坑方法示意图

的相对高差、半根开等，计算各个半对角线线长。当地形高差较大时，可根据中心桩施工基面与基坑地面间的高低差，把水平距离换算成斜距进行基坑放样。以 B 坑为例：已知 B 坑的半对角线线长为 L_{BO1}，B 坑地面与桩位基面的高低差为 H_{BO}，由此可计算出 B 坑的半对角线斜距 $L_{BOH} = \sqrt{L_{BO1}^2 + H_{BO}^2}$，然后，以 L_{BOH} 定出基坑中心，再以桩径值确定基坑的孔位。其他三个坑可用同样方法放样。

🔍 思 考 题

1. 判断题：分坑时无需将经纬仪水平度盘归零。　　　　　　（　　）

答案：错误。

正确答案：分坑时应将经纬仪水平度盘归零。

2. 判断题：对于中心桩无位移转角塔基础，线路转角桩就是塔位中心桩。

（　　）

答案：正确

任务 2.3　质量检查

线路路径复测质量检查标准及检查方法如表 4-2 所示。

表 4-2　　　　　线路路径复测质量检查标准及检查方法

序号	检查项目	检验标准（允许偏差）	检查方法
1	转角桩角度	±1′30″	经纬仪、全站仪、卫星定位测量
2	档距（%）	±1	经纬仪、全站仪、卫星定位测量
3	被跨越物高程（m）	±0.5	经纬仪、全站仪测量
4	杆塔位高程（m）	±0.5	经纬仪、全站仪测量
5	地形凸起点高程（m）	0.5	经纬仪、全站仪测量
6	直线塔横线路位置偏移（mm）	50	经纬仪、全站仪、钢尺测量
7	被跨越物与邻近杆塔位水平距离（%）	±1	经纬仪、全站仪、卫星定位测量
8	地形凸起点、风偏危险点与邻近杆塔位的水平距离（%）	±1	经纬仪、全站仪、卫星定位测量

|项目三　土 石 方 开 挖|

任务 3.1　一般土石方开挖

（1）基坑开挖前应做好对塔位中心桩的保护措施，对于施工中不便于保留的中心桩，应在基础外围设置辅助桩，保留原始记录，基础浇筑完成后，应及时恢复中心桩。

深基坑开挖

（2）杆塔基础的坑深以设计施工基面为基准。当设计施工基面为零时，杆塔基础坑深应以设计中心桩处自然地面标高为基准。

（3）基础开挖前后，必须严格核对基础根开尺寸、基础型号、接腿形式、基础顶面至中心桩的高差、地质条件是否符合设计要求。若发现杆塔基础附近及坑位有冲沟、暗沟、墓穴等危及铁塔安全的不良地质情况，应及时通知项目部和设计单位，以便采取处理措施，不得贸然施工。

（4）基坑开挖根据土层地质条件确定放坡坡度，根据地形、地质条件，优先选用挖掘机进行机械开挖。地下水位较高时，应采取有效的降水措施，流沙坑宜采取井点排水，基坑底部的开挖宽度和坡度，除应考虑结构尺寸要求外，应根据施工需要增加工作面宽度，如排水设施，支撑结构等所需的宽度。

（5）基坑开挖不得超深，一般情况下基坑不要一次挖到设计埋深，应预留200mm，在浇制混凝土前挖至设计埋深。如出现基坑超深，不得用土回填，超深部分应采取铺石灌浆或浇制混凝土处理，严禁出现垫土现象。

| 岩石基础开挖 | 岩石基础爆破 | 泥沙流沙坑开挖 | 大坎、高边坡基础开挖 |

🔍 思 考 题

多选题： 基础坑开挖后基础坑深测量可以采用（　　）进行检查。

A. 水准仪　　　　B. 经纬仪　　　　C. 塔尺　　　　D. 钢尺

答案： ABC

任务 3.2　掏挖基础基坑开挖

（1）熟悉掌握施工图。

（2）按设计要求和掏挖基础的基面稳定及边坡要求，进行基面放样、平整。

（3）测量定出桩孔的中心位置，定桩孔开挖的准确位置，并设置控制桩，用以控制坑口位置，以备经常检查校核，按设计尺寸进行掏挖。

（4）根据基坑开挖尺寸先挖出样洞，样洞挖好后应复测根开、对角线等尺寸，符合设计要求后方能再继续开挖。

（5）基坑主柱挖掘过程中为防止超挖，每挖掘一定深度，在坑中心吊一垂球检查坑位及主柱直径。孔内挖出的弃土要及时运走，孔洞边口 1m 以内不得堆土，堆土高度不高于 1.5m。

（6）基础主柱开挖深度距设计要求埋深尚有 100～200mm 时，用钢尺在主柱坑壁上量出基础底部掏挖位置线，开始挖掘扩大头部分，直至基坑周边尺寸符合施工图要求。

🔍 思 考 题

单选题：掏挖基础坑深允许偏差为（　　　）。

A．＋100mm，0　　　　　　　　B．＋50mm，0

C．＋200mm，0　　　　　　　　D．＋100mm，－50mm

答案：A

挖孔施工作业	护壁制作	土方提升作业	开挖坑底扩大作业

风动工器具	空气压缩机	旋挖钻机

任务 3.3　岩石基础基坑开挖

（1）熟悉掌握施工图。

（2）根据设计图纸，用测量仪器复核塔位的档距、标高，并确定塔位中心位置。

（3）钻孔施工。

1）设备检查：钻孔前，检查设备油路、气路连接是否可靠，钻架、钻杆、钻头安装是否正确，确认无误后启动钻机进行空钻、冲击等动作，同时观察液压系统及空气压缩机指示压力，确保其正常工作。

2）钻机启动：启动发动机，下降冲击器，在接近工作孔位前开始送风，冲击器开始工作。

3）钻头定位：调节钻机钻架斜拉杆，使钻架及钻杆垂直，之后调整钻机底架水平位置，通过柱上的定心器将钻头对准待钻挖锚孔。

4）钻进：成孔过程中，随时观察钻杆是否处于垂直状态，若发生偏移，停机处理。当一节钻杆行程结束后，进行下一节钻杆的连接，之后重复进行钻杆连接直至到完成钻孔施工。

5）清孔：完成一个锚孔后停止钻进，向孔内送风并延续 5～10min，直至孔口无明显砂尘吹出，完成清孔；向上提升钻具，逐节拆除钻杆，直至全部钻具提出孔外；清孔后用覆盖物将该孔覆盖，防止异物落入及后续施工污染。

6）移机：一个基础腿的锚孔全部完成后，移开钻杆钻机，清理基础四周的粉尘和碎石；将锚杆钻机移至其他基础腿，重复钻孔、清孔，直至完成基础内所有锚孔。

7）成孔保护：锚孔成孔后、浇筑前，采取保护措施，防止异物落入。

（4）基础放样时应核实边坡稳定控制点在自然地面以下，并保证基础在基岩内的嵌固深度不小于设计值，安装后应有可靠的固定措施。

（5）岩石基础的开挖应符合下列规定：

1）岩石构造的整体性不受破坏。

2）孔洞中的石粉、浮土及孔壁松散的活石应清除干净。

3）软质岩成孔后应立即安装锚筋或地脚螺栓，并应浇灌混凝土。

4）当坑底或坑壁遇到孔洞时，应停止开挖并报设计现场勘查核准。

（6）有限空间作业（包括但不限于线路掏挖基础施工等），施工作业层班组负责人负责领用通风检测设备；作业前，施工作业层班组负责人负责交底，并组织作业人员先通风、再检测，确保作业前有限空间内气体含量满足作业要求；作业过程中，施工作业层班组负责人全程监督作业人员按要求进行通风、检测。人工掏挖基础、挖孔桩作业，施工作业层班组负责人负责领用深基坑作业一体化装置，并在作业前对全体作业人员进行交底，组织正确操作深基坑作业一体化装置；作业过程中，施工作业层班组负责人负责组织现场从基础成孔至混凝土浇筑完毕，全程使用具备电动提料、气体实时检测报警及自动通风等功能的深基坑作业一体化装置。

🔍 思考题

1. **判断题**：岩石构造的整体性不受破坏。　　　　　　　　（　　　）

答案：正确

2. **多选题**：关于岩石基础的开挖，说法正确的是（　　　）。

A. 岩石构造的整体性不受破坏

B. 孔洞中的石粉、浮土及孔壁松散的活石应清除干净

C. 软质岩成孔后应立即安装锚筋或地脚螺栓，并应浇灌混凝土

D. 当坑底或坑壁遇到孔洞时应停止开挖并报设计现场勘查核准

答案：ABCD

任务 3.4　灌注桩基础基坑开挖

（1）熟悉掌握施工图。

（2）根据设计图纸，用测量仪器复核塔位的档距、标高，并确定塔位中心位置。

（3）成孔。

1）依据桩位中心确定护筒埋设位置，其挖设直径比护筒外径大 200mm 左右，挖设深度为 1.0m。护筒顶端高出地表不小于 200mm。

2）钻机就位时，钻头中心对准护筒中心误差不大于 20mm。护筒安装要求如下：

a. 钢护筒施工要求严格按照测量桩位下放钢护筒，钢护筒的垂直度严格按照技术要求的 1%，钢护筒就位以后，将护筒周围 1.0m 范围内的砂土挖出，夯填黏性土至护筒底 0.5m 以下。护筒顶标高高出地面，根据不同范围确定不同的

高出高度。

b. 钢护筒埋设目的是，必须保证桩基施工过程中，护筒内外不相互渗水或翻砂，且护筒自身具有一定的稳桩性，同时可便于清理块石等障碍物。护筒安置前钢护筒的质量需经过监理严格验收。

c. 护筒由钻机使用吊线法埋设安放，同时检查垂直度及中心偏位是否符合要求，护筒中心和桩位中心偏差不得大于 50mm。

d. 钢护筒埋设好后，填土夯实。在施工过程中，如遇松动，要不断进行填土夯实。

e. 钻机定位后应用钢丝绳将护筒上口挂带在钻架底盘上。成孔过程中，钻机塔架头部滑轮组、回转器与钻头应始终保持在同一铅垂线上，保证钻头在吊紧的状态下钻进。

3）钻孔施工中应及时校正钻杆，确保不斜孔。泥浆的黏度应符合规范要求，施工期间护筒内的泥浆面应高出地下水位 1.0m 以上，在受水位涨落影响时，泥浆面应高出最高水位 1.5m 以上。如发生斜孔、塌孔、护筒周围冒浆时，应停止钻孔，采取措施后再继续钻进。

4）钻孔施工中应注意加强泥浆管理，及时清理循环系统，保持泥浆黏度、浓度及胶体率符合规范要求。钻孔过程中要经常检查泥浆比重、钻杆的垂直度。

5）成孔应一次不间断完成，不得无故停钻。成孔完毕至灌注混凝土的间隔时间不应大于 24h。

6）钻孔完成后，应立即检查成孔质量，并填写施工记录。单排桩、边桩平面偏差不大于 50mm。

（4）清孔。

1）用原土造浆的孔，清孔后泥浆比重应控制在 1.1 左右。

2）孔壁土质较差时，应用泥浆循环清孔；清孔后泥浆比重应控制为 1.15～1.25，黏度为 18～24s，含砂率控制 4%。

3）清孔过程中，必须及时补给足够的泥浆，并保持浆面稳定。

4）浇筑混凝土前，应进行二次清孔，第二次清孔后的平均沉淤厚度应小于100mm。在测得沉淤厚度和泥浆密度符合规定后半小时内必须灌注混凝土，且应连续灌注直至桩完成，并应做好每一项工序的原始检查记录。

注：泥浆取样应选在距孔底 20～50cm 处。

思 考 题

1. 判断题：泥浆取样应选在距孔底 20～50cm 处。　　　　（　　）

答案：正确

2. 单选题：清孔后泥浆比重应控制为（　　）。

A. 1.15～1.25

B. 1.0～1.25

C. 1.10～1.25

D. 1.20～1.30

答案：A

任务 3.5　质量检查

1. 普通基础坑分坑和开挖

普通基础坑分坑和开挖质量检验标准及检查方法如表 4－3 所示。

表 4－3　　普通基础坑分坑和开挖质量检验标准及检查方法

序号	检查项目	检验标准（允许偏差）	检查方法
1	基础坑中心根开及对角线尺寸（%）	±0.2	经纬仪、吊垂法确定中心，钢尺测量
2	基础坑深（mm）	＋100，－50	水准仪或经纬仪、塔尺测量

2. 拉线基础坑分坑和开挖

拉线基础坑分坑和开挖质量检验标准及检查方法如表 4－4 所示。

表 4－4　　拉线基础坑分坑和开挖质量检验标准及检查方法

序号	检查项目	检验标准（允许偏差）		检查方法
1	拉线基础坑位置	左右（%L）	±1	经纬仪、塔尺或钢尺测量
		前后（°）	1	
2	基础坑深（mm）	＋100，0		水准仪或经纬仪、塔尺测量
3	拉线马道坡度及方向	符合设计要求		目测

3. 岩石、掏挖基础坑分坑和开挖

岩石、掏挖基础坑分坑和开挖质量检验标准及检查方法如表 4－5 所示。

表 4–5   岩石、掏挖基础坑分坑和开挖质量检验标准及检查方法

序号	检查项目	检验标准（允许偏差）	检查方法
1	基础坑中心根开及对角线尺寸（%）	±0.2	经纬仪、吊垂法确定中心，钢尺测量
2	基础坑深（mm）	+100，0	水准仪或经纬仪、塔尺测量
3	基坑底及坑口断面尺寸	不得有负误差	经纬仪、吊垂法确定中心，钢尺测量

4. 灌注桩基础坑开挖

灌注桩基础坑开挖质量检验标准及检查方法如表 4–6 所示。

表 4–6   灌注桩基础坑开挖质量检验标准及检查方法

序号	检查项目	检验标准（允许偏差）	检查方法
1	孔深	不小于设计值	用测绳或井径仪测量
2	垂直度	≤1%	用超声波或井径仪测量
3	孔径	≥0	用超声波或井径仪测量
4	桩位	$D<1000mm$ 时 ≤70+0.01H；$D≥1000mm$ 时 ≤100+0.01H	全站仪或用钢尺量，开挖前量护筒，开挖后量桩中心

🔍 思 考 题

判断题：掏挖基础坑开挖后基坑底及坑口断面尺寸允许有负偏差。

（   ）

答案：错误

正确答案：掏挖基础不允许有负偏差。

|项 目 四   钢 筋 模 板 安 装|

任务 4.1   钢筋安装

1. 钢筋

（1）钢筋表面应平直、无损伤，表面不得有裂纹、油污、颗粒状或片状老锈。

（2）现场钢筋的存放场地应平整坚实，倾斜场地应有防止滑落的措施。存放期间上部需遮盖，采取有效的防水、防潮、防锈蚀、防污染等措施，并与地面隔离，预留交通搬运走道。

（3）现场钢筋的存放应按规格、使用部位等状态分别存放，并设置相应的标示牌。

（4）钢筋加工前应将表面清理干净。表面有颗粒状、片状老锈或有损伤的钢筋不得使用。

（5）钢筋加工宜在常温下进行，加工过程中不应对钢筋进行加热。钢筋应一次弯折到位。

（6）钢筋采用机械设备调直时，调直设备不应具备延伸功能。

（7）钢筋加工应符合以下规定：

1）钢筋加工前，应按照设计施工图核对钢筋的级别，不得混淆。

2）HPB300 级钢筋末端需做 180°弯钩时，其弯弧内直径不应小于钢筋直径的 2.5 倍，弯钩的弯后平直部分长度不应小于钢筋直径的 3 倍。

3）当设计要求钢筋末端需做 135°弯钩时，HRB400 级钢筋的弯弧内直径不应小于钢筋直径的 4 倍，弯钩的弯后平直部分长度应符合设计要求。

4）钢筋制作不大于 90°弯钩时，弯折处的弯弧内直径不应小于钢筋直径的 5 倍。

（8）钢筋安装应符合以下规定：

1）钢筋的品种、级别、规格和数量应符合设计要求。

2）箍筋弯钩应与主筋叠合，且沿受力主筋方向错开设置，牢靠连接。当箍筋与主筋采用焊接时，不得在主筋引弧。

3）钢筋弯钩朝向应按设计图纸布置，朝向宜一致。

4）应除去钢筋上的泥土和浮锈。

5）钢筋接头宜设置在受力较小处。同一纵向受力钢筋不宜设置两个或两个以上接头。接头末端至钢筋弯起点的距离，不应小于钢筋直径的 10 倍。

6）钢筋焊接符合《钢筋焊接及验收规程》（JGJ 18）的要求，钢筋绑扎牢固、均匀，在同一截面的焊接头错开布置，同截面焊接头数量不得超过 50%。

7）在任一焊接接头中心至长度为钢筋直径的 35 倍且不小于 500mm 的区段内，同一根钢筋不得有两个接头。

8）在任一焊接接头中心至长度为钢筋直径的 35 倍且不小于 500mm 的区

段，非预应力筋，受拉区不宜超过 50%，受压区和装配式构件连接处不限制。

9)在任一焊接接头中心至长度为钢筋直径的 35 倍且不小于 500mm 的区段，预应力筋，受拉区不宜超过 25%，当有可靠保证措施时，可放宽至 50%。受压区和后张法的螺丝端杆不限制。

调直机

切断机

弯曲机

2. 地脚螺栓

（1）地脚螺栓及螺母、垫板外观无破损、无锈蚀，应有性能等级标识，应包含厂家名称简写或字母简写、材质、性能等级、型号和长度。

（2）现场浇筑基础中的地脚螺栓安装前应除去浮锈，螺纹部分应予以保护。地脚螺栓及预埋件应定位准确，安装牢固。

3. 插入式角钢

（1）插入式基础角钢规格符合设计，镀锌层表面连续完整、均匀，不应有起皮、漏镀、结疤等缺陷。

（2）插入式基础角钢应找正，并应固定牢固。

4. 隐蔽工程验收

隐蔽工程验收包括下列内容：

（1）基础坑深及地基处理情况。

（2）钢筋的牌号、规格、数量、位置、间距、钢筋弯钩弯折角度及平直段长度。

（3）钢筋的接头方式、接头位置、接头质量、接头面积百分率、搭接长度等。

（4）地脚螺栓、插入式角钢等规格、数量、位置等。

🔍 思 考 题

1. 单选题：钢筋绑扎牢固、均匀、在同一截面的焊接头错开布置，同截面焊接头数量不得超过（　　　）。

　　A. 10%　　　　　　B. 20%　　　　　　C. 50%　　　　　　D. 60%

答案：C

2. 单选题：在任一焊接接头中心至长度为钢筋直径的 35 倍且不小于 500mm 的区段，预应力筋，受拉区不宜超过（　　）。

A. 10%　　　　　　B. 25%　　　　　　C. 30%　　　　　　D. 40%

答案：B

任务 4.2　模板安装

（1）模板采用刚性材料，满足承载力、刚度和整体稳固性。

（2）模板及其支架应保证工程结构和构件各部分尺寸形状、尺寸和位置准确，并便于构件安装和混凝土浇筑、养护。

（3）接触混凝土的模板表面应采取有效脱模剂，脱模剂不得沾污构件、预埋件，不得影响结构性能。

（4）模板安装应符合下列规定：

1）模板的接缝应严密。

2）模板内不应有杂物、积水或冰雪等。

3）模板与混凝土接触面应平整、清洁。

基础施工临时用电	钻孔灌注桩施工	模板支护及拆除	混凝土及砂浆搅拌机
混凝土搅拌站	机动翻斗车	高大模板支护	作业平台搭设

🔍 思考题

多选题：模板安装应符合下列规定（　　）。

A. 模板的接缝应严密

B. 模板内不应有杂物

C. 模板内不应有积水

D. 模板与混凝土接触面应平整、清洁

答案：ABCD

任务 4.3　质量检查

（1）钢筋加工允许偏差及检查方法见表 4-7。

表 4-7　　钢筋加工允许偏差及检查方法

项目	允许偏差（mm）	检查方法
受力钢筋顺长度方向全长的净尺寸	±10	钢尺测量
弯起钢筋的弯折位置	±20	钢尺测量
箍筋内净尺寸	±5	钢尺测量

（2）钢筋绑扎允许偏差及检查方法见表 4-8。

表 4-8　　钢筋绑扎允许偏差及检查方法

序号	检查（检验）项目		允许偏差（mm）	检查方法
1	钢筋网	网片长、宽偏差	±10	钢尺测量
		网眼尺寸偏差	±20	钢尺测量
		网片对角线差	≤10	钢尺测量
2	钢筋骨架	主筋间距	±10	钢尺测量
		箍筋间距	±20	钢尺测量
		钢筋骨架直径	±10	钢尺测量
		钢筋骨架长度	±50	钢尺测量

（3）地脚螺栓（插入式角钢）安装允许偏差及检查方法见表 4-9。

表 4-9　　地脚螺栓（插入式角钢）安装允许偏差及检查方法

项目	允许偏差	检查方法
同组地脚螺栓中心或角钢形心对设计值偏移	≤10 mm	钢尺测量
地脚螺栓露出混凝土高度	-5～+10mm	钢尺测量
角钢倾斜率	3%	钢尺、吊锤法测量

（4）模板安装允许偏差及检验方法见表 4 – 10。

表 4 – 10　　　　　　　　模板安装允许偏差及检验方法

项目	允许偏差	检查方法
轴线位置	5mm	钢尺测量
模板内部尺寸	±10mm	钢尺测量
相邻模板表面高差	2mm	钢尺测量
表面平整度	5mm	靠尺和塞尺测量

🔍 思 考 题

1. 单选题：钢筋绑扎牢固、均匀、在同一截面的焊接头错开布置，同截面焊接头数量不得超过（　　）。

A. 10%　　　　　　B. 20%　　　　　　C. 50%　　　　　　D. 70%

答案：C

2. 单选题：混凝土基础钢筋骨架箍筋间距偏差不得大于（　　）mm。

A. ±5　　　　　　B. ±10　　　　　　C. ±15　　　　　　D. ±20

答案：D

|项 目 五　混 凝 土 浇 筑|

任务 5.1　混凝土检查及试块制作

1. 混凝土搅拌

（1）混凝土材料用量必须按配合比在现场称量。

（2）装料顺序：一般先装石子，再装水泥，最后装砂子，如需加掺合料时，掺合料宜与水泥同步投料，液体外加剂宜滞后于水和水泥投料；粉状外加剂宜溶解后再投料。

（3）凝土搅拌的最短时间根据施工规范要求确定，可按表 4 – 11 采用。掺有外加剂时，搅拌时间应适当延长。

表 4 – 11 混凝土搅拌的最短时间

混凝土坍落度（mm）	搅拌机机型	搅拌机出料量（L）		
		<250	250~500	>500
≤40	强制式	60s	90s	120s
>40 且<100	强制式	60s	60s	90s
≥100	强制式	60s		

注 混凝土搅拌的最短时间是指自全部材料装入搅拌筒中起，到开始卸料止的时间；当掺有外加剂与矿物掺合料时，搅拌时间应适当延长；采用自落式搅拌机时，搅拌时间宜延长 30s。

（4）搅拌机使用完毕或中途停机时间较长，必须在旋转中用清水冲洗滚筒，然后再停机。

2. 混凝土试块制作

（1）现场浇筑基础试块制作要求。

1）耐张塔和悬垂转角塔每基应取一组。

2）一般线路的悬垂直线塔基础，同一施工队每 5 基或不满 5 基应取一组，单基或连续浇筑混凝土超过 100m³ 时也应取一组。

3）按大跨越设计的直线塔基础及拉线基础，每腿应取一组，但当基础混凝土量不超过同工程中大转角或终端塔基础时，则每基取一组。

4）当原材料变化、配合比变更时，应另外制作试块。

（2）灌注桩基础试块制作要求。

灌注桩基础试块的制作应每桩取一组，承台及连梁试块制作数量应每基取一组。基础试块的制作见图 4 – 13。

图 4 – 13 基础试块的制作

（3）试件成型后刮除试模上口多余的混凝土，待混凝土临近初凝时，用抹刀沿着试模口抹平。试件表面与试模边缘的高度差不得超过 0.5mm。

3. 坍落度测量

（1）混凝土坍落度测量方法。采用坍落筒、水平尺、钢尺现场测量：用一个上口 100mm、下口 200mm、高 300mm 喇叭状的坍落度筒，灌入混凝土后捣实，然后拔起筒，混凝土因自重产生塌落现象，用筒高（300mm）减去塌落后混凝土最高点的高度，称为坍落度。如果差值为 10mm，则坍落度为 10mm。

（2）混凝土坍落度测量要求。

1）混凝土浇筑过程应严格控制水胶比。每班日或每个基础腿，混凝土坍落度应至少检查 2 次。

2）试验前先将坍落度筒内壁和底板应润湿无明水；底板应放置在坚实水平面上，并把坍落度筒放在底板中心，然后用脚踩住两边的脚踏板，坍落度筒在装料时应保持在固定位置。

（3）混凝土拌合物试样应分三层均匀的装入坍落度筒内，每装一层混凝土拌合物，应用捣棒由边缘到中心按螺旋形均匀插捣 25 次，捣实后每层混凝土拌合物试样高度约为筒高的三分之一。

（4）插捣底层时，捣棒应贯穿整个深度，插捣第二层和顶层时，捣棒应插透本层至下一层的表面。

（5）顶层混凝土拌合物装料应高出筒口，插捣过程中，混凝土拌合物低于筒口时，应随时添加。

（6）顶层插捣完后，去下装料漏斗，应将多余混凝土拌合物刮去，并沿筒口抹平。

（7）清除筒边底板上的混凝土后，应垂直平稳地提起坍落度筒，并轻放于试样旁边；当试样不再继续坍落或坍落时间大于 30s 时，用钢尺测量出筒高与坍落度后混凝土试体最高点之间的高度差，作为该混凝土拌合物的坍落度值。

（8）坍落度筒的提离过程宜控制在 3～7s；从开始装料到提坍落度筒的整个过程应连续进行，并应在 150s 内完成。坍落度测试见图 4-14。

（9）将坍落度筒提起后混凝土发生一边崩塌或剪坏现象时，应重新取样另行测定；第二次试验仍出现一边崩塌或剪坏现象，应予记录说明。

（10）混凝土拌合物坍落度值测量应精确到 1mm，结果应修约至 5mm。

图 4-14　坍落度测试

🔍 思 考 题

1. **单选题**：坍落度试验前先将坍落度筒及其他用具湿润，把筒放在不吸水的铁板上。用脚踩住脚踏板，用小铲把试样分（　　）均匀装入筒内。

A. 三层　　　　　B. 二层　　　　　C. 四层　　　　　D. 一层

答案：A

2. **判断题**：坍落度测量每层装入坍落度筒的高度为筒高的 1/3 左右，用捣棒每层插捣 25 次。（　　）

答案：正确

3. **判断题**：混凝土浇筑过程应严格控制水胶比。每班日或每个基础腿，混凝土坍落度应至少检查 2 次。（　　）

答案：正确

4. **单选题**：振捣器的移动间距应不大于作用半径的（　　）倍。

A. 1　　　　　B. 1.5　　　　　C. 2　　　　　D. 2.5

答案：B

5. **单选题**：一般线路的悬垂直线塔基础，同一施工队每 5 基或不满 5 基应取（　　）组，单基或连续浇筑混凝土超过 100m³ 时，也应取（　　）组。

A. 1，2　　　　　B. 1，1　　　　　C. 2，2　　　　　D. 2，1

答案：B

6. **单选题**：一般线路的悬垂直线塔基础，同一施工队每（　　）基或不满（　　）基应取一组，单基或连续浇筑混凝土超过 100m³ 时，也应取一组。

A. 3，3　　　　B. 4，4　　　　C. 5，5　　　　D. 6，6

答案：C

任务 5.2　混凝土浇筑

1. 混凝土浇筑

（1）浇筑混凝土前应清除坑内泥土、杂物和积水，地脚螺栓及钢筋应符合设计要求，检查模板有无缝隙，必要时应用胶带等封堵。混凝土下料时，先从立柱中心开始，逐渐延伸至四周，应避免将钢筋向一侧挤压变形。

（2）混凝土自高处倾落的自由高度，不应超过 3m。在竖立结构中浇筑混凝土时，混凝土投料后不应发生离析现象。如浇筑高度超过 3m 时，浇筑时可沿模板内侧放置一个溜滑混凝土坡道的铁板，使混凝土沿坡道流入模板内。

（3）浇筑一个塔腿的混凝土应连续进行。如必须停歇时，间歇时间应尽量缩短，并应在前一层混凝土初凝之前，将后一层混凝土浇筑完毕。下雨天不宜露天搅拌和浇筑混凝土。如果浇筑，必须及时覆盖，防止雨水冲刷和增大水灰比。坍落度每班日或每个基础腿应检查两次及以上，其数值不得大于配合比设计的规定值，并严格控制水灰比。

（4）试块制作：根据验收规范的要求，对于耐张、转角塔及单基或基础单腿混凝土量超过 100m³ 的桩号，须做一组试块。直线塔同一施工班每 5 基或不足 5 基做一组试块。试块规格统一为 150mm×150mm×150mm，应现场制作、标准养护，并注明工程名称、杆塔号、混凝土强度、制作日期。当原材料改变或者水泥不同时，须分别另做试块，对于现场浇制的时间相隔太长时，须另外做试块。

2. 混凝土振捣

一般采用机械插入式振捣方法：

（1）使用振捣器应当快插慢拔，插点均匀排列，逐点移动，有序进行。插点不得遗漏，要求均匀振实。

（2）振捣器的移动间距应不大于作用半径的 1.5 倍，一般为 300～400mm。

（3）每一位置的振捣时间，应能保证混凝土获得足够的捣实程度，以混凝土表面呈现水泥浆和不再出现气泡、不再显著沉落为止。一般每次宜为 20～30s。不允许振捣过久，否则会漏浆。

（4）振捣上层混凝土时，应插入下一层混凝土 30～50mm，以消除两层间的接合缝。上层振捣好后，不应反过来再接振捣下层。

（5）振捣器应由有混凝土施工经验的技工操作，并设监护人检查。

混凝土浇筑

基础养护

模板拆除

夯实机械

插入式振动棒

🔍 思 考 题

1. 单选题：振捣上层混凝土时，振捣器应插入下一层混凝土（　　）mm，以消除两层间的接合缝。

A. 30～50　　　　B. 10～20　　　　C. 20～50　　　　D. 30～40

答案：A

2. 单选题：混凝土自高处倾落的自由高度，不应超过（　　）m。在竖立结构中浇筑混凝土时，混凝土投料后不应发生离析现象。如浇灌高度超过（　　）m 时，浇灌时可沿模板内侧放置一个溜滑混凝土坡道的铁板，使混凝土沿坡道流入模板内。

A. 2，2　　　　B. 1，1　　　　C. 3，3　　　　D. 2.5，2.5

答案：C

任务 5.3　混凝土养护

（1）架空输电线路基础混凝土养护要求：

1）在混凝土终凝后 12h 内开始浇水养护，当天气炎热、干燥有风时，应在 3h 内开始浇水养护，养护时应在基础模板外侧加遮盖物，浇水次数应能够保持混凝土表面始终湿润。

2）外漏的混凝土浇水养护时间不宜少于 5 昼夜，输电线路大体积混凝土基础养护还应符合相关标准的规定。

3）基础拆模经表面质量检查合格后应及时回填，在基础外露部分加遮盖物，并应按规定期限继续浇水养护，养护时应使遮盖物及基础周围的混凝土始终保持湿润。

4）采用养护剂养护时，应在拆模并经表面检查合格后立即涂刷养护剂，涂刷后不得再浇水。

5）日平均气温低于 5℃时，不得浇水养护。

（2）模板拆除应符合以下规定：

1）侧模在混凝土终凝 24h 后可以拆除，底模拆除应符合 GB 50204 的规定。

2）拆模时应保证混凝土表面及棱角不损坏，避免碰撞地脚螺栓及插入式角钢，防止松动。

3）地脚螺栓丝扣部分涂黄油并包裹防护，回收后的地脚螺母应妥善保管并做好标识。

4）特殊型式的基础底模及其支架拆除时的混凝土强度，应符合设计要求。

5）拆除模板应自上而下进行，拆除的模板应集中堆放，木模板外露的铁钉应及时拔掉或打弯。

6）对于斜柱式基础拆模时，应有防内倾措施。

🔍 思 考 题

1. 单选题：基础外漏的混凝土浇水养护时间不宜少于（　　　），输电线路大体积混凝土基础养护还应符合国家现行相关标准的规定。

A. 5 昼夜　　　　　　B. 3 昼夜　　　　　　C. 4 昼夜　　　　　　D. 2 昼夜

答案：A

2. 判断题：采用养护剂养护时，应在拆模并经表面检查合格后立即涂刷养护剂，涂刷后不得再浇水。　　　　　　　　　　　　　　　　　　　　　　（　　　）

答案：正确

任务 5.4　混凝土冬期施工

（1）架空输电线路基础冬期施工方法。根据当地多年气象资料统计，当室外日平均气温连续 5 天低于 5℃时，混凝土基础工程应采取冬期施工措施，并应及时采取可应对气温突然下降的防冻措施,当室外日平均气温连续 5 天高于 5℃时可解除冬期施工。

（2）架空输电线路基础冬期施工要求：

1）用于冬期施工混凝土的粗、细骨料中,不得含有冰、雪、冻块及其他易冻裂物质。

2）冬期钢筋焊接宜在室内进行,当在室外焊接时,其最低气温不宜低于 –20℃,焊接后未冷却的接头应避免碰到冰雪,并应符合《钢筋焊接及验收规范》（JGJ 18）的规定。

3）配置冬期施工的混凝土应优先选用硅酸盐水泥或普通硅酸盐水泥,水泥强度等级不应低于 42.5MPa,最小水泥用量不宜低于 280kg/m³,水胶比不应大于 0.55。强度等级小于 C15 的混凝土可不受上述限制。

4）冬期拌制混凝土时应优先采用加热水的方法,拌和水的最高加热温度不得超过 60℃,骨料的最高加热温度不得超过 40℃。水泥不应与 80℃以上的水直接接触,投料顺序应先投入骨料和已加热的水,然后再投入水泥。当骨料不加热时,水可加热到 100℃。

5）水泥不应直接加热,宜在使用前运入暖棚内存放。混凝土拌和物的入模温度不得低于 5℃。

6）冬期施工混凝土浇筑前应清除地基、模板和钢筋上的冰雪和污垢,已开挖的基坑底面应有防冻措施。

7）冬期混凝土养护宜选用蓄热法、综合蓄热法、暖棚法、蒸汽养护法、电加热法或负温养护法。当采用暖棚法养护时,混凝土养护温度不应低于 5℃,并应保持混凝土表面湿润。

8）掺用防冻剂混凝土养护应符合下列规定：① 在负温条件下养护时,不得浇水,外露表面应覆盖；② 混凝土的初期养护温度,不得低于 5℃或应符合防冻剂的使用说明；③ 模板和保温层在混凝土强度达到拆模要求并冷却到 5℃时,方可拆除,当拆模后混凝土表面温度与环境温度之差大于 15℃时,应对混凝土采用保温材料覆盖养护。

9）采用硅酸盐水泥或普通硅酸盐水泥配置的混凝土,在受冻前抗压强度不应低于混凝土强度设计值的 30%；其他水泥不应低于设计强度的 40%,且不应小于 5MPa。基础拆模检查合格后应随即回填。

🔍 思 考 题

1. **单选题**：当室外日平均气温连续 5 天低于（　　）时，混凝土基础工程应采取冬期施工措施，并应及时采取可应对气温突然下降的防冻措施。

A. 5℃　　　　　B. 10℃　　　　　C. 8℃　　　　　D. 15℃

答案：A

2. **多选题**：水泥不应与（　　）以上的水直接接触，投料顺序应先投入骨料和已加热的水，然后再投入水泥。当骨料不加热时，水可加热到（　　）。

A. 60℃　　　　　B. 40℃　　　　　C. 80℃　　　　　D. 100℃

答案：CD

3. **多选题**：用于冬期施工混凝土的粗、细骨料中，不得含有（　　）及其他易冻裂物质。

A. 砂土　　　　　B. 冰　　　　　C. 雪　　　　　D. 冻块

答案：BCD

4. **判断题**：冬期拌制混凝土时应优先采用加热水的方法，投料顺序应先投入骨料和已加热的水。　　　　　　　　　　　　　　　　　（　　）

答案：正确

任务 5.5　质量检查

1. 混凝土浇筑控制要点

（1）基础现场浇筑前应进行支模检查，并符合下列要求：

1）模板应采用刚性材料，其表面应平整且接缝严密。

2）模板与支架的刚度和稳定性应满足相应基础的要求。

3）接触混凝土的模板表面应采取有效脱模措施。

4）当使用隔离剂脱模时，隔离剂不得污染钢筋。

（2）现场浇筑基础中的地脚螺栓安装前应除去浮锈，螺纹部分应予以保护。地脚螺栓及预埋件应定位准确，安装牢固，在浇筑混凝土过程中，应随时检查其位置的准确性。

（3）插入式基础的主角钢（钢管）应进行找正，并加以临时固定，保证整基基础几何尺寸符合设计要求。

（4）基础浇筑前，运输到现场的原材料（砂、石、水泥、钢筋、预埋件）

69

不应直接堆放在地面上，并应采取防雨、防潮措施。

（5）基础浇筑前，应清理基坑内岩渣、松石、人工扰动土层、积水等，钢筋上的泥土及浮锈应清除。混凝土运输、浇筑及间歇的全部时间不应超过混凝土的初凝时间，同一浇筑体的混凝土应连续浇筑。当需要进行二次浇筑时，应符合 GB 50204 和 GB 50164 的规定及设计要求。

（6）现场浇筑混凝土应采用机械搅拌、机械捣固，特殊地形无法机械搅拌时，应有专门的质量保证措施。

（7）现场浇筑混凝土过程中，每班日或每个基础腿坍落度的检查应不少于两次。预拌混凝土坍落度的检查应在现场浇筑过程中进行，每罐车不得少于一次。

（8）现场混凝土浇筑过程中应严格控制水胶比，混凝土配比材料用量每班日或每基基础应至少检查两次，以保证混凝土配料偏差符合规定要求。

2. 隐蔽工程施工及记录

（1）隐蔽工程的验收检查应在隐蔽前进行。以下内容为隐蔽工程：① 基础坑深及地基处理情况；② 现浇基础中钢筋和预埋件的规格、尺寸、数量、位置、底座断面尺寸、混凝土的保护层厚度及浇筑质量；③ 预制基础中钢筋和预埋件的规格、数量、安装位置，立柱的组装质量；④ 岩石及掏挖基础的成孔尺寸、孔深、埋入铁件及混凝土浇筑质量。

（2）在浇注混凝土前应对钢筋和预埋件进行验收，并做好隐蔽工程施工记录，验收完毕得到现场监理签证后方可进入下一工序。

（3）在混凝土结构施工过程中，对隐蔽工程应进行验收，对重要工序和关键部位应加强质量检查或进行测试，并应做出详细记录，同时宜留存图像资料。

（4）在把好现场质量关的同时，及时、如实、清楚地按规定要求填写基础施工检查及评级记录、各类质量把关记录等台账，并及时留存、上交。

🔍 思考题

1. 单选题：现场浇筑混凝土过程中，每班日或每个基础腿坍落度的检查应不少于（　　）次。

A. 两　　　　　　　B. 一　　　　　　　C. 三　　　　　　　D. 四

答案：A

2. 判断题：现场浇筑基础中的地脚螺栓安装前应除去浮锈，螺纹部分应予以保护。地脚螺栓及预埋件应定位准确，安装牢固，在浇筑混凝土过程中，可不检查其位置的准确性。　　　　　　　　　　　　　　　　　　（　　）

答案：错误

|项 目 六　保 护 帽 及 接 地|

任务 6.1　保护帽制作

1．保护帽制作

（1）架空输电线路保护帽制作施工应采用专用钢模板或木模板浇筑，现场浇制，机械振捣，一次成型。

（2）架空输电线路保护帽制作施工要求：

1）水泥宜采用通用硅酸盐水泥，强度等级≥42.5。

2）砂石砂宜采用中砂，含泥量≤5%；粗骨料采用碎石或卵石，含泥量≤2%。

3）宜采用饮用水或经检测合格的地表水、地下水、再生水拌和及养护，不得使用海水。

4）保护帽混凝土抗压强度满足设计要求。

5）保护帽宽度宜不小于距塔脚板每侧 50mm。高度应以超过地脚螺栓 50～100mm 为宜，并不小于 300mm，与塔脚结合应严密，不得有裂缝。主材与靴板之间的缝隙应采取密封（防水）措施。

6）保护帽顶面应留有排水坡度，顶面不得积水。

7）保护帽需在铁塔组立检查合格后制作。

8）保护帽宜采用专用模板现场浇筑，严禁采用砂浆或其他方式制作。

9）保护帽顶面应适度放坡，混凝土初凝前进行压实收光，确保顶面平整光洁。

10）保护帽拆模时，应保证其表面及棱角不损坏，塔腿及基础顶面的混凝土浆要及时清理干净。

11）保护帽应按根据季节和气候要求进行养护。

12）混凝土应一次浇筑成型，杜绝二次抹面、喷涂等修饰。

2. 保护帽施工质量工艺控制

（1）支模、拆模质量控制要点：

1）支模。

a. 基础上的积水、杂物等应清理干净。地脚螺栓上泥土及浮锈应清除干净。

b. 模板及其支撑应有足够的承载力、刚度和稳定性，能可靠地承受新浇筑混凝土的重量和侧压力，以及在施工过程中所产生的荷载。

c. 支模前，应检查模板的整体质量，并在模板内表面涂一层脱模剂，以保证混凝土表面质量。模板之间对缝应整齐，避免模板交接处流浆，模板接缝应密封。方形断面保护帽模板应与基础立柱棱边平行。

2）拆模。

a. 保护帽浇制完毕 48h 后，且当混凝土强度能保证表面及棱角不因拆除模板而受到损害时，方可进行拆模。混凝土表面若有蜂窝、麻面等缺陷时，不得刷水泥浆或盲目处理，须待项目部技术人员现场查看后制定相应的处理方案并按方案进行处理。

b. 蜂窝麻面处理方法：应在蜂窝麻面部位浇水充分湿润后，用去除石子其余部分（水、砂、水泥），按原配合比配比的砂浆，将麻面抹平压光。

（2）浇筑、养护质量控制要点：

1）施工前及浇制前，应逐个核对地脚螺栓的螺杆、螺母、垫片（垫板）的标记，查看其是否匹配，对于标记不匹配、螺母不紧、螺母数量缺少的塔位严禁浇制保护帽，并应对地脚螺栓进行紧固检查。

2）保护帽大小以盖住塔脚板为原则，断面尺寸应超出塔脚板 50mm 以上，高度超出地脚螺栓顶面 50mm 以上（对于塔脚板有竖向加强板高出地脚螺栓顶面的，以高出加强板顶面为准），设计如有明确要求，以设计为准。

3）保护帽顶面不能是平面，应有一个约 10° 的倾角，根据倾角计算顶面最高点与保护帽边沿的高差，防止顶面积水。

4）因保护帽空间狭小，不方便振捣，故混凝土搅拌一定要充分，且搅拌结束至下料之间时间不得超过 20min，以防止混凝土变硬不利于振捣。

5）强度等级符合设计要求，按配合比要求配料，底面先铺一层砂浆。

6）保护帽混凝土必须良好振捣，以防止保护帽出现蜂窝、麻面等现象。振捣可使用手持便携振动棒进行，混凝土每浇制 300mm 高度，必须充分振捣一次，并配合使用橡胶锤敲击模板外侧，以消除气泡。

7）保护帽上表面应在混凝土凝固前进行 3～4 次收光，严禁洒干水泥收面。浇制完成的保护帽应棱角分明、倒角饱满、表面光滑、平整美观。

8）保护帽浇制后拆模时间不得小于一昼夜（24h），为保护其表面不受破坏，保护帽浇制结束后 3 日内不得进行接地引下线安装，保护帽养护方法与基础混凝土养护方法相同。

9）保护帽浇制结束应清除塔位附近混凝土残渣，特别是塔材、基础立柱上的残渣。

🔍 思 考 题

1. 判断题： 保护帽制作需在铁塔组立检查合格后制作，保护帽顶面应留有排水坡度，顶面不得积水。　　　　　　　　　　　　　　　　（　　）

答案： 正确

2. 判断题： 保护帽宜采用专用模板现场浇筑，严禁采用砂浆或其他方式制作。　　　　　　　　　　　　　　　　　　　　　　　　　　（　　）

答案： 正确

3. 多选题： 对于缺少（　　　　）的塔位严禁浇制保护帽，并应对地脚螺栓进行紧固检查。

A. 螺杆　　　　　　B. 螺母　　　　　　C. 垫片　　　　　　D. 垫板

答案： ABCD

4. 判断题： 保护帽顶面应适度放坡，混凝土初凝前进行压实收光，确保顶面平整光洁。　　　　　　　　　　　　　　　　　　　　　　　　（　　）

答案： 正确

5. 判断题： 宜采用饮用水或经检测合格的地表水、地下水、再生水拌和及养护，不得使用海水。　　　　　　　　　　　　　　　　　　　（　　）

答案： 正确

任务 6.2　接地线敷设

（1）接地装置应按设计图形埋设，受地质地形条件限制时可按设计图形作局部修改，原设计图形为环形者仍应呈环形。但不论修改与否均应在施工质量验收记录中绘制接地装置敷设简图，并标示相对位置和尺寸。

（2）埋设水平接地体满足下列规定：

1）遇倾斜地形宜沿等高线埋设。

2）两接地体间的平行距离不应小于 5m。

3）接地体敷设应平直。

4）应尽量避开电力电缆、通信电缆、天然气管道等地下设施，满足有关规定要求。如不满足要求，应与设计协商解决。

5）附近有其他电力线路时，宜避免两线路间接地体相连。

6）对无法按照上述要求埋设的特殊地形，应与设计协商解决。

（3）垂直接地体应垂直打入，并防止晃动。

🔍 思 考 题

接地敷设

1. 判断题：两接地体间的平行距离不应小于 5m。（   ）

答案： 正确

2. 多选题：埋设水平接地体满足下列规定（   ）。

A. 遇倾斜地形宜沿等高线埋设

B. 两接地体间的平行距离不应小于 5m

C. 接地体敷设应平直

D. 应尽量避开电力电缆、通信电缆、天然气管道等地下设施，满足有关规定要求。如不满足要求，应与设计协商解决

答案： ABCD

任务 6.3　接地线连接

（1）接地体连接要求：

1）连接前应清除连接部位的浮锈。

2）接地体应连接可靠。

3）当采用搭接焊接时，圆钢的搭接长度不应少于其直径的 6 倍并应双面施焊；扁钢的搭接长度不应少于其宽度的 2 倍并应四面施焊。圆钢与扁钢搭接长度应不少于圆钢直径的 6 倍，并双面施焊。焊缝应平滑饱满。

（2）圆钢采用液压连接时，其接续管的型号与规格应与所连接的圆钢相匹配。接续管的壁厚不得小于 3mm；对接长度应为圆钢直径的 20 倍，搭接长度应为圆钢直径的 10 倍。

（3）采用铜覆钢接地极时，接地体的连接应使用专用连接管或采用放热焊接。

（4）无机固体降阻材料与接地圆钢之间采用双面焊连接，圆钢的搭接长度不应少于其直径的6倍。

（5）采用焊接、放热焊接和液压连接的接地体连接部位应采取防腐措施，防腐范围不应少于连接部位两端各100mm。

（6）接地引下线与杆塔的连接应接触良好、顺畅美观，并便于运行测量和检修。若引下线直接从地线引下时，引下线应紧靠杆塔身，间隔固定距离应满足设计要求。

🔍 思考题

1. **判断题**：现场焊接点应进行防腐处理，防腐范围不应少于连接部位两端各100mm。　　　　　　　　　　　　　　　　　　　　（　　）

答案：正确

2. **单选题**：当采用搭接焊接时，圆钢的搭接长度不应少于其直径的（　　）倍并应双面施焊。

A. 4　　　　　　B. 5　　　　　　C. 6　　　　　　D. 7

答案：C

3. **判断题**：采用放热焊时，连接部位两端可不采取防腐措施。　　（　　）

答案：错误

任务6.4　质量检查

接地电阻的测量应在接地体回填后间隔一段时间进行，应避免在雨雪天气测量。测量可采用接地装置专用测量仪表。所测得的接地电阻值考虑季节系数后的换算值应不大于设计工频接地电阻值。接地电阻测量宜采用三极法。

（1）检测前，应对仪表及零部件（辅助接地棒2根，5、20、40m导线各1根）进行检查，电流极和电压极插针表面污垢及锈渍应清理干净，数字式接地电阻测试仪应同时检查电池电量，同时应将杆塔塔身与接地极之间的电气连接全部断开；核对被测杆塔的接地极布置型式和最大射线长度，记录杆塔编号、接地极编号、接地极型式、土壤状况和当地气温。

（2）三极法检测杆塔工频接地电阻的电极布置图和接线图分别见图 4-15 和图 4-16，电压极 P 和电流极 C 分别布置在距离杆塔基础边缘 $d_{GC}=4l$ 处和 $d_{GP}=2.5l$ 处，l 为杆塔接地装置放射形接地极的最大长度。d_{GP} 为接地装置 G 和电压极 P 之间的直线距离，d_{GC} 为接地装置 G 和电流极 C 之间的直线距离。当 d_{GC} 取 $4l$ 有困难时，若接地装置周围土壤较为均匀，d_{GC} 可以取 $3l$，而 d_{GP} 取 $1.85l$；如果被测杆塔无放射形接地极，l 可以按照不小于杆塔接地极最大几何等效半径选取。

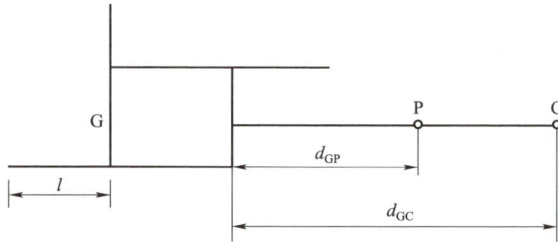

图 4-15　三极法测量杆塔工频接地电阻的电极布置图
G—接地装置；P—电压极；C—电流极

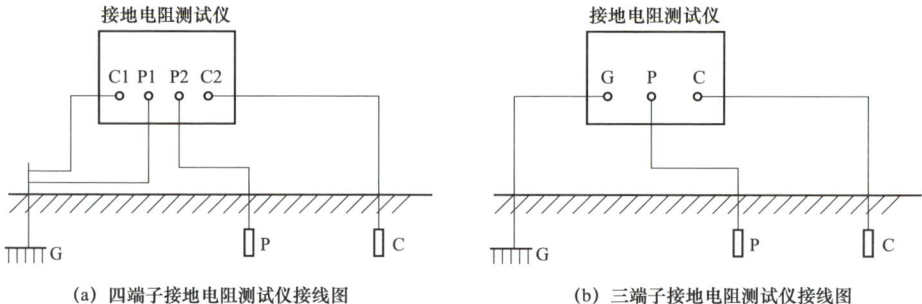

(a) 四端子接地电阻测试仪接线图　　　(b) 三端子接地电阻测试仪接线图

图 4-16　三极法测量杆塔工频接地电阻的接线图
C1、C2—接地电阻测试仪的电流极接线端子；P1、P2—接地电阻测试仪的电压极接线端子；
G、P、C—接地电阻测试仪的接地极接线端子、电压极接线端子、电压极接线端子

（3）电流极和电压极安装时，以接地电阻测试仪为圆心，电流极和电压极与接地电阻测试仪之间的夹角不得小于 120°，更不可同方向布置；电流极和电压极插针设置的地质应坚实，插入深度应不小于 40cm，不宜设置在泥地、回填土、树根等位置；电流极和电压极的辅助接地电阻不应超过测试仪规定的范围，可以通过将测量电极更深地插入土壤并与土壤接触良好、增加电流极导体的根数、给电流极泼水等方式降低电流极的辅助接地电阻。布置电流极和电压极时，宜避免将电流极和电压极布置在接地装置的射线方向上；在工业区或居民区，地下可能具有部分或完全埋地的金属物体时，电极应布置在与金属物

体垂直的方向上，并且要求最近的检测电极与地下管道之间的距离不小于电极之间的距离。

（4）指针式接地电阻测试仪使用时应将仪表放置水平位置，检查检流计的指针是否在中心线上，否则应用零位调整器将其调整于中心线上。将"倍率标度"置于最大倍数，慢慢转动发电机的摇把，同时转动"测量标度盘"使检流计的指针指于中心线上。当检流计的指针接近平衡时，加快发电机摇把的转速，使其达到每分钟 120 转以上，同时调整"测量标度盘"，使指针指于中心线上。如"测量标度盘"的读数小于 1 时，应将倍率置于较小的倍数，再重新调整"测量标度盘"以得到正确的读数。

（5）数字式接地电阻测试仪使用时应先开启电源按钮，给接地电阻测试仪通电预热 2～3min；预热完毕后开启测试按钮，进行接地电阻检测。

（6）检测时应注意保持接地电阻测试仪各接线端子、电极和接地装置等电气连接位置的接触良好；当发现杆塔接地电阻的实测值与以往的测量结果有明显的增大或减小时，应改变电极布置方向或增大电极的距离重新检测。

（7）应对杆塔每条腿的接地电阻值分别测量并记录，将测得的接地电阻实际数值乘以当地的接地电阻季节系数即可得到杆塔的实际电阻值；换算后的接地电阻值不应大于设计工频接地电阻值。

🔍 思 考 题

判断题：接地电阻的测量应在接地体回填后间隔一段时间进行，应避免在雨雪天气测量。　　　　　　　　　　　　　　　　　　　　　（　　）

答案：正确

模块五 杆塔组立施工基本技能

|项 目 一 施 工 技 术 准 备|

任务 1.1 杆塔的分类及主要组塔方法

1. 杆塔的分类

架空输电线路工程常用的杆塔型式包括自立式铁塔、混凝土杆、钢管杆、拉线塔，新建 35kV 及以上线路不应选用混凝土杆，新建 110kV（66kV）及以上架空输电线路在农田、人口密集地区时，不宜采用拉线塔。

2. 杆塔组立主要施工方法

目前较为常见的杆塔组立方法有内悬浮外拉线抱杆分解组塔、内悬浮内拉线抱杆分解组塔、座地双平臂抱杆分解组塔、座地摇臂抱杆分解组塔、流动式起重机分解组塔等方式。一般根据工程铁塔呼称高、全高、重量等特点确定采取的组塔方式，同时还应结合现场地形、运输条件等因素综合确定。

内悬浮外拉线抱杆分解组塔、流动式起重机分解组塔适用于地形条件较好的一般铁塔组立；内悬浮内拉线抱杆分解组塔适用于外拉线无法设置地形的一般铁塔组立；座地双平臂抱杆分解组塔、座地摇臂抱杆分解组塔主要适用于特高压铁塔，主要解决铁塔主材长度长、单件重量大，尤其是外拉线无法设置、临近带电线路等施工问题。

🔍 **思 考 题**

1. 判断题：新建 35kV 及以上线路可以选用混凝土杆。　　　（　　）

答案：错误

正确答案：新建 35kV 及以上线路不应选用混凝土杆。

2. **多选题：**为解决特高压铁塔主材长度长、单件重量大等施工问题，特高压组塔常用的施工方法包括（　　　）。

A. 内悬浮外拉线抱杆分解组塔　　　B. 流动式起重机组塔

C. 内悬浮内拉线抱杆分解组塔　　　D. 座地双平臂抱杆分解组塔

E. 座地摇臂抱杆分解组塔

答案：DE

任务 1.2　班组交底

1. 人员培训

组塔前，作业层班组骨干均应参加项目部级交底，清楚施工方案相关要求，班组长在听懂弄通后，核实现场作业条件，提炼核心内容，填写作业票；班组级交底要通过站班会宣读作业票等形式，向全体作业人员讲清楚任务分工、技术要点、管控措施，确保所有作业人员清楚掌握相应交底内容，并在"e 基建"中完成相应操作。

2. 组塔过程中通用安全规定

铁塔组立是输电线路工程第二个大的施工工序，不同的作业环境和工况条件下，施工的方法、使用的工器具和施工机械都有所不同。所以，在组塔过程中注意事项如下：

（1）在防高处坠落和坠物打击方面，吊件垂直下方不得有人，禁止在杆塔上有人时，通过调整临时拉线来校正杆塔倾斜或弯曲。攀登高度 80m 以上铁塔宜沿有护笼的爬梯上下；如无爬梯护笼时，应采用绳索式安全自锁器沿脚钉腿上下。组装杆塔的材料及工器具禁止浮搁在已立的杆塔和抱杆上，分解组塔过程中，塔上与塔下人员通信联络应畅通。

（2）在防断裂和倾倒方面，在受力钢丝绳的内角侧不得有人，钢丝绳与金属构件绑扎处，应衬垫软物；组立的杆塔不得用临时拉线固定过夜，需要过夜时，应对临时拉线采取安全措施；杆塔的临时拉线应在永久拉线全部安装完毕后方可拆除，拆除时应由现场指挥人统一指挥，禁止安装一根永久拉线随即拆除一根临时拉线；铁塔组立后，地脚螺栓应随即加垫板并拧紧螺母及进行防卸处理；拆除抱杆应采取防止拆除段自由倾倒的措施，且宜分段拆除，不得提前拧松或拆除部分抱杆分段连接螺栓。

（3）铁塔高度大于 100m 时，组立过程中抱杆顶端应设置航空警示灯和红色旗号。

（4）铁塔组立过程中及电杆组立后，应及时与接地装置连接。

除严格遵守上述规定以外，铁塔组立施工现场还应做好安全隔离，挂设警告警示标牌。同时，根据施工所在地的特殊要求，如林区、草原等，做好消防宣传和灭火准备，并做好事故应急救援准备。

组塔施工一般规定	组塔高处作业	电杆人工整体拆除

自立塔人工整体拆除	分解拆塔安全注意事项

🔍 思 考 题

1. **判断题**：允许安装一根永久拉线随即拆除一根临时拉线。 （　　　）

答案：错误

正确答案：不允许安装一根永久拉线随即拆除一根临时拉线。

2. **单选题**：铁塔组立的临时拉线必须采用（　　　）。

A. 棕绳   B. 安全绳

C. 迪尼玛绳   D. 钢丝绳

答案：D

3. **多选题**：每个组塔作业班组与一套抱杆配套，每班组应至少包括（　　　）。

A. 班组负责人   B. 技术员

C. 安全员   D. 机械操作手

答案：ABCD

组塔技术准备　　　　　　组塔人员准备　　　　　　组塔现场准备

任务 1.3　质量检查

1. 塔材质量要求

（1）角钢塔塔材质量要求。塔材标记应包含工程名称、塔型、呼称高、捆号、生产厂家名称，与现场实际组立塔位核对无误。塔材镀锌层表面光滑、连续完整，不得有过酸洗、漏镀、结瘤、积锌和锐点等使用上有害的缺陷；颜色一般呈灰色或暗灰色。焊缝外形均匀、成型较好，焊道与焊道、焊道与金属间过渡较平滑，焊渣和飞溅物清除干净。运到塔位的个别角钢，当弯曲度超过长度的 2‰、但未超过变形限度时，可采用冷矫正法进行矫正，但矫正不得出现裂纹和锌层剥落。塔材弯曲变形超过规范标准时，不允许校正处理，要重新更换。弯曲边缘应圆滑过渡，表面不应有明显的折皱、凹面和损伤，划痕深度不应大于 0.5mm。表面不得有明显的凹面缺陷，大于 0.3mm 的毛刺应清除。同一塔材镀锌脱落面积不得超过 $100mm^2$，这一范围内的脱锌处理，应进行表面除锈后采用环氧富锌漆补刷。

（2）钢管塔塔材质量要求。塔材标记应包含工程名称、塔型、呼称高、捆号、生产厂家名称，与现场实际组立塔位核对无误。塔材镀锌层表面平滑，无滴瘤、粗糙和锌刺，无起皮，无漏镀，无残留的溶剂渣，且不应有锌瘤和锌灰。焊缝外形均匀、成型较好，焊道与焊道、焊道与基体金属间圆滑过渡，焊渣和飞溅物清除干净。同一塔材镀锌脱落面积不得超过 $100mm^2$，这一范围内的脱锌处理，应进行表面除锈后采用环氧富锌漆补刷。带颈法兰表面不得有毛刺、划痕和其他降低法兰强度及连接可靠性的缺陷，圆角过渡处必须光滑，但不得减小其有效承载截面。

（3）塔材运输过程中采取保护措施，大件塔材装卸使用起吊工具，禁止抛扔塔材。组塔过程中，合理使用塔身施工用孔，塔片吊点与钢丝绳接触位置包裹软物保护，钢丝绳固定、转向宜采用专用夹具，避免塔材磨损、变形和生锈。

2. 螺栓质量要求

铁塔现场组立前，应对紧固件螺栓、螺母及铁附件进行抽样检测，经确认合格后方可使用。组塔施工时，螺栓应分类摆放，标识准确，避免螺栓混用、错用。组塔过程中，加强质量检验，对用错的螺栓及时进行更换。

螺母表面无明显缺陷，丝扣清晰，按标准倒角。垫片表面应光亮、无划痕。螺栓螺纹不应豁牙，不应有严重破伤，无裂纹和裂槽，无毛刺，丝扣清晰，按要求倒角，涂层均匀，无斑纹、水迹、锈迹。

🔍 **思 考 题**

判断题：运到塔位的个别角钢，当弯曲度超过长度的 2‰、但未超过变形限度时，可采用冷矫正法进行矫正，但矫正不得出现裂纹和锌层剥落。

（　　　）

答案：正确

任务 1.4　施工技术档案填写

1. 主要验收记录

自立式铁塔施工需填写的验收记录包括自立式铁塔组立检验批质量验收记录表、自立式铁塔紧固件安装检验批质量验收记录表。

拉线塔施工需填写的验收记录包括拉线铁塔组立检验批质量验收记录表、拉线铁塔紧固件安装检验批质量验收记录表。

钢管杆施工需填写的验收记录包括钢管杆组立检验批质量验收记录表、钢管杆紧固件安装检验批质量验收记录表。

混凝土电杆施工需填写的验收记录包括混凝土电杆组立检验批质量验收记录表、混凝土电杆紧固件安装检验批质量验收记录表。

2. 重点要求

检验批划分：自立塔、钢管塔、拉线塔、钢管杆、混凝土电杆组立检验批质量验收检查数量以单基为一个检验批。

检查数量：

（1）主控项目：全数检查。

（2）一般项目：全数检查。

🔍 **思考题**

判断题：自立塔、钢管塔组立检验批质量验收检查数量以同一杆塔型式为一个检验批。　　　　　　　　　　　　　　　　　　　　　　　（　　）

答案：错误

正确答案：自立塔、钢管塔组立检验批质量验收检查数量以单基为一个检验批。

|项目二　施　工　准　备|

任务 2.1　基础尺寸复核

铁塔组立前，作业层班组骨干人员应对现场基础地脚螺栓规格、基础混凝土强度、地脚螺栓露出混凝土面高度、基础顶面或主角钢抄平印记间高差、插入式基础的主角钢（钢管）倾斜率、基础根开及对角线尺寸等内容进行测量检查。如发现测量数据与设计要求不一致且偏差超过规范允许范围，应及时向施工项目部项目总工汇报，经施工项目部复核确认后方可开展后续工作。

铁塔组立前，基础混凝土强度必须进行第三方质量检测且符合设计强度要求。分解组立铁塔时，基础混凝土的抗压强度必须达到设计强度的 70%；整体组立铁塔时，基础混凝土的抗压强度必须达到设计强度的 100%。

🔍 **思考题**

单选题：组立铁塔前，基础须经过中间验收并合格，分解组塔时，混凝土的抗压强度达到设计强度的（　　　）。

A. 50%　　　　　　　B. 60%

C. 70%　　　　　　　D. 100%

答案：C

组塔前基础复测

任务 2.2　杆塔地面组装

1. 总体布置

以每吊铁塔部件为单元，按施工图纸在地面组装。组装前应严格检查核实各部件的编号与图纸的一致性。对料组装要根据地形，考虑吊装的方向和吊装的方便。先将主材置于塔基两侧，主材上部指向基础，然后再将连接板、斜材、水平材按图纸组装。连接时应注意连接螺栓规格和穿向。各吊随带的水平材、斜材、辅助材按要求带全。

2. 抱杆布置

根据抱杆可能提升的高度、允许承载能力等，合理确定吊装的分段、分片的数量，并根据现场地形、塔段本身方向确定构件的布置方向。

3. 塔材布置

组装构件的场地应平整或垫平，以免构件受力变形，并不得距塔基过远。

4. 脚钉布置

脚钉的安装位置、螺栓的使用规格及穿入方向、垫圈的加垫位置及数量均应符合图纸及规范要求。出现无法组装的现象时，应先查明原因，再进行组装，严禁强行组装。

5. 山地铁塔地面组装规定

塔材不得顺斜坡堆放。选料应由上往下搬运，不得强行拽拉。山坡上的塔片垫物应稳固，且应有防止构件滑动的措施。组装管形构件时，构件间未连接前应采取防止滚动的措施。

🔍 思 考 题

1. **判断题**：可以在受力钢丝绳内角侧以及起吊构件、高处作业、起重臂垂直下方组装塔材。　　　　　　　　　　　　　　　　　　　（　　）

答案：错误

正确答案：禁止在受力钢丝绳内角侧以及起吊构件、高处作业、起重臂垂直下方组装塔材。

2. **判断题**：山坡上的塔片垫物应稳固，且应设置固定绳以防止构件滑动。　　　　　　　　　　　　　　　　　　　　　　　　　（　　）

答案：正确

3. **多选题**：地面组装前，应进行构件布置，构件布置应遵循下述原则（　　）。

A. 组装前应严格检查核实各部件的编号与图纸的一致性

B. 对料组装要根据地形，考虑吊装的方向和吊装的方便

C. 先将主材置于塔基两侧，主材上部指向基础，然后再将连接板、斜材、水平材按图纸组装

D. 连接时应注意连接螺栓规格和穿向

E. 各吊随带的水平材、斜材、辅助材按要求带全

答案：ABCDE

4. 单选题：组立（　　）kV 及以上电压等级线路的杆塔时，不得使用木抱杆。

A. 35　　　　　　B. 110　　　　　　C. 220　　　　　　D. 500

答案：C

任务 2.3　螺栓安装

1. 地脚螺栓安装要求

施工班组按照"一基一领"的要求，由杆塔作业层班组骨干人员领取螺母、垫板。塔脚板安装前，施工班组技术员应复核地脚螺母、螺杆、垫板的标识与塔号是否匹配，确认无误后方可施工。塔脚板安装中，施工班组技术员应监督施工人员及时将螺母和垫板安装齐全，确保两螺母及垫板与塔脚板靠紧，对 4 个以上圆形布置的地脚螺栓，紧固时应对称顺序紧固。

铁塔组立后，施工班组技术员应监督施工人员随即紧固螺母并进行防卸处理。作业人员应采用专用扳手进行地脚螺栓紧固，且主材与靴板之间的缝隙应采取密封（防水）措施。

2. 铁塔螺栓安装要求

铁塔螺栓应与构件平面垂直，螺栓头与构件间的接触处不应有空隙。单螺母螺栓紧固后，螺栓露出螺母的长度不应小于 2 个螺距；双螺母螺栓紧固后，螺栓露出螺母的长度可与螺母相平。螺栓加垫时，每端不宜超过 2 个垫圈。连接螺母的螺纹不应进入剪切面。

3. 铁塔螺栓穿向

螺栓的穿向应符合以下规定：

（1）对立体结构：① 水平方向由内向外；② 垂直方向由下向上；③ 斜向者宜斜下向斜上穿，不便时应在同一斜面内取统一方向。

（2）对平面结构：① 顺线路方向，应由小号侧穿入或按统一方向穿入；② 横线路方向，两侧应由内向外，中间由左向右或按统一方向穿入；③ 垂直方向者由下向上；④ 斜向者宜斜下向斜上穿，不便时应在同一斜面内取统一方向；⑤ 对于十字形截面组合角钢主材肢间连接螺栓，应顺时针安装。连接螺栓安装示意图如图 5-1 所示。

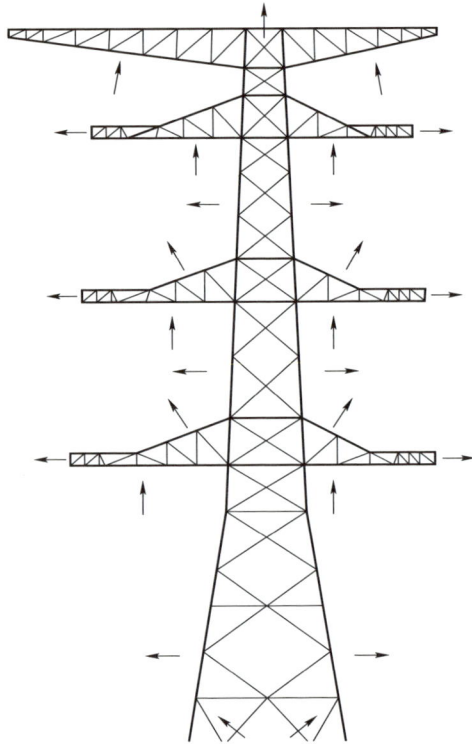

图 5-1 连接螺栓安装示意图

4. 扩孔要求

杆塔个别螺孔需扩孔时，扩孔部分不应超过 3mm；当扩孔需超过 3mm 时，应先堵焊再重新打孔，并应进行防锈处理，不得用气割扩孔或烧孔。

5. 螺栓紧固

杆塔连接螺栓应逐个紧固，M16（4.8 级）受剪螺栓紧固扭矩值不应小于 80N·m，M20（6.8 级）受剪螺栓紧固扭矩值不应小于 100N·m，M24 受剪螺栓（8.8 级）紧固扭矩值不应小于 250N·m，其他受力情况螺栓紧固扭矩值应符合设计要求；螺栓与螺母的螺纹有滑牙或螺母的棱角磨损以致扳手打滑的，螺母应更换。

6. 螺栓紧固质量要求

杆塔连接螺栓应逐个紧固，杆塔连接螺栓在组立结束时应全部紧固一次，检查扭矩值合格后方可架线。架线后，螺栓还应复紧一遍，紧固率应满足：组塔后不低于 95%，架线后不低于 97%。连接螺栓安装示意图见图 5-1。

🔍 思 考 题

1. **判断题**：杆塔个别螺孔需扩孔时，扩孔部分不应超过 5mm；当扩孔需超过 5mm 时，应先堵焊再重新打孔，并应进行防锈处理。　　　（　　）

答案：错误

正确答案：杆塔个别螺孔需扩孔时，扩孔部分不应超过 3mm；当扩孔需超过 3mm 时，应先堵焊再重新打孔，并应进行防锈处理，不得用气割扩孔或烧孔。

2. **判断题**：铁塔组立后，8.8 级高强地脚螺栓应及时紧固螺母并打毛丝扣。

（　　）

答案：错误

正确答案：铁塔组立后，施工班组技术员应监督施工人员随即紧固螺母并打毛丝扣（高强螺栓除外）。

3. **单选题**：M20 铁塔受剪螺栓紧固扭矩值不应小于（　　）。

A. 50N·m

B. 80N·m

C. 100N·m

D. 250N·m

答案：C

4. **多选题**：以下关于铁塔螺栓穿向说法正确的是（　　）。

A. 对立体结构：水平方向由内向外、垂直方向由下向上

B. 对平面结构：顺线路方向，应由小号侧穿入或按统一方向穿入

C. 对平面结构：横线路方向，两侧应由内向外，中间由左向右或按统一方向穿入

D. 对于十字形截面组合角钢主材肢间连接螺栓，应逆时针安装

答案：ABC

|项目三 悬浮抱杆组塔|

任务 3.1 工器具选择及现场布置

1. 抱杆组塔方式的选择

内悬浮外拉线抱杆适用于有条件设置落地外拉线的一般地形铁塔的吊装，吊装时抱杆宜适度向吊件侧倾斜，最大倾角不应超过抱杆许用工况最大倾角，宜为 0°～10°，也可按抱杆设计的最不利组合条件选取。内悬浮内拉线抱杆适用于场地狭窄、有条件设置内拉线的一般塔型的吊装，不适用于酒杯塔、猫头塔、紧凑型铁塔组立。

内悬浮外拉线抱杆组塔场地布置

2. 拉线和地锚的受力计算

悬浮抱杆组塔施工应进行施工计算，主要施工计算应包括施工过程中吊件的强度验算、铁塔的强度和稳定验算、主要起吊工器具的受力验算、抱杆及拉线的受力计算，外拉线抱杆组塔还应进行拉线地锚的受力计算。

3. 地锚布置

悬浮抱杆组塔现场各地锚坑的挖设，必须按施工方案规定的深度开挖，地锚必须有马道，马道的方向与受力方向相同，马道与地面的水平夹角满足拉线对地夹角的要求（一般不大于 45°），保证地锚受力最佳。内悬浮外拉线组塔时抱杆外拉线与水平面夹角应满足抱杆强度和稳定要求，且一般不大于 45°，当不满足要求时应进行专门验算。

设置临时地锚是根据施工安全技术的要求，满足被固定物稳定的专门措施。确保地锚本身和埋设符合安全技术要求，确保施工安全。

在地锚本身强度方面，锚体强度应满足相连接的绳索的受力要求；钢制锚体的加强筋或拉环等焊接缝有裂纹或变形时应重新焊接；木质锚体应使用质地坚硬的木料，发现有虫蛀、腐烂变质者禁止使用。

4. 抱杆的拉线布置

抱杆底部通过锚固于铁塔四根主材上的承托绳固定，承托绳的悬挂点应设置在有大水平材的塔断面处，当无大水平材时应验算塔架强度，强度不够时应采取补强措施，两侧对角承托绳间夹角不应大于 90°。

内悬浮外拉线抱杆顶部设置的外拉线应采用地锚固定，外拉线位于与基础中心线夹角为 45°的延长线上，离基础中心的距离不应小于塔高的 1.2 倍并应通过调节装置收紧或防松。内悬浮内拉线抱杆顶部设置的内拉线应锚固在已组立塔体上端的主材节点处的施工孔上，并应通过调节装置控制内拉线长度。

5. 牵引系统的布置

牵引系统应放置在主要吊装面的侧面，以不磨铁为宜；当塔全高大于 40m 时，牵引装置及地锚与铁塔基础中心的距离不应小于 40m；当塔全高小于或等于 40m 时，牵引装置及地锚与铁塔基础中心的距离不应小于铁塔全高的 1.2 倍。

6. 内悬浮外拉线组塔流程

内悬浮外拉线组塔流程见图 5-2。

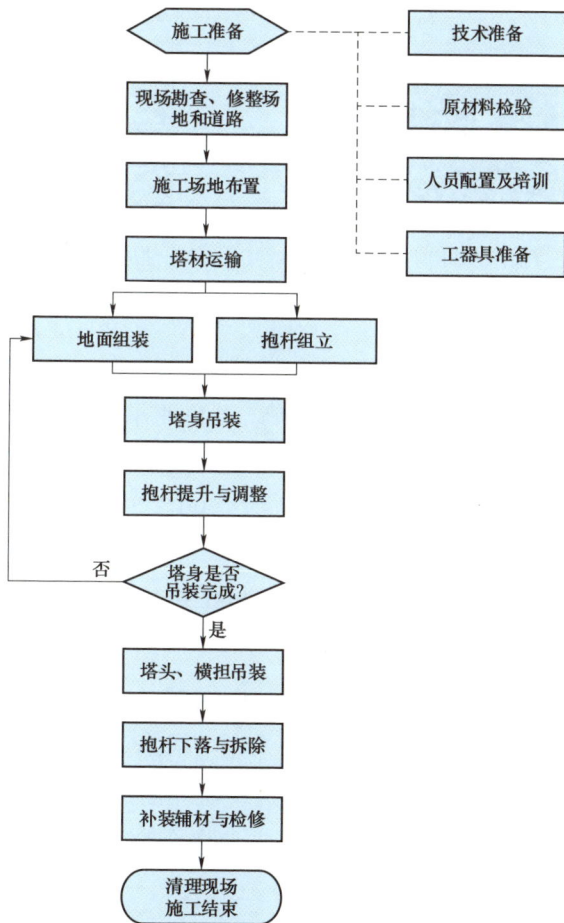

图 5-2 内悬浮外拉线组塔流程

7. 组塔前准备过程关注的风险点——抱杆的安全规定

抱杆是铁塔组立最常用的专用工器具，抱杆规格应根据荷载计算确定，不得超负荷使用；搬运、使用中不得抛掷和碰撞；抱杆连接螺栓应按规定使用，不得以小代大，金属抱杆的整体弯曲如果超过杆长的 1/600，局部弯曲严重、磕瘪变形、表面腐蚀、裂纹或脱焊不得使用，抱杆帽或承托环表面有裂纹、螺纹变形或螺栓缺少不得使用。

另外，抱杆连接螺栓使用的次数或达到抗疲劳强度后，需要更换螺栓，在升降或调整抱杆时，不得使用抱杆主辅材料强拉硬拽。在施工过程中，应注意对抱杆的保护，确保抱杆本体的安全技术要求。悬浮抱杆组立杆塔时，宜加装受力监测装置，可远程监控抱杆主要部件受力、倾角数据、异常工况、工作状态等重要机具参数。

抱杆的选用

抱杆的使用

🔍 思 考 题

1. 单选题：内悬浮外拉线抱杆组塔，对角两承托绳之间的夹角应不大于（　　）。

A. 120°　　　　　B. 100°　　　　　C. 90°　　　　　D. 75°

答案：C

2. 单选题：外拉线地锚马道方向应与拉线受力方向一致，与水平面夹角应不大于（　　）。

A. 90°　　　　　B. 60°　　　　　C. 45°　　　　　D. 30°

答案：C

3. 单选题：内悬浮外拉线抱杆组塔拉线与地面的水平夹角应控制在（　　）以内，距基础中心的距离应不小于（　　）倍塔全高。

A. 45°；1.5　　　B. 60°；1.5　　　C. 45°；1.2　　　D. 60°；1.2

答案：C

4. 单选题：用倒落式抱杆整立杆塔时，抱杆失效角指的是（　　）。

A. 抱杆脱帽时抱杆与地面的夹角　　B. 抱杆脱帽时牵引绳与地面的夹角

C. 抱杆脱帽时杆塔与抱杆的夹角　　D. 抱杆脱帽时杆塔与地面的夹角

答案：D

任务 3.2　悬浮抱杆组立

1. 抱杆的组立

地形条件允许时，可采用倒落式人字抱杆将抱杆整体组立或流动式起重机将抱杆整体组立。

地形条件不允许时，应先利用倒落式人字抱杆整体组立抱杆上段，再利用抱杆上段将铁塔组立到一定高度，然后采用倒装提升方式，在抱杆下部接装抱杆其余各段，直至全部组装完成。

抱杆起立前，施工作业层班组负责人负责交底，并组织作业人员按照施工方案要求打好拉线，施工作业层班组安全员对拉线打拉情况把关，安全监理工程师或监理员现场监督。杆塔组立时，禁止使用正装法起立抱杆，施工作业层班组负责人应按施工方案要求指挥作业人员起立抱杆，施工作业层班组安全员对作业全程进行监护。

2. 抱杆无法整体起立时对装安全控制措施

非座地式抱杆组立铁塔前，所使用的抱杆通常是在半空中，由承托绳托起抱杆辅助铁塔组立，当抱杆一次无法整体起立时，多次对接组立应采取倒装方式，禁止采用正装方式对接组立悬浮抱杆。从安全技术保障和作业条件上看，不满足上述重点措施，将导致事故发生，该项措施属于强制性措施。

🔍 思 考 题

1. 判断题：抱杆长度一次无法整体起立时，多次对接组立应采取倒装方式，禁止采用正装方式对接组立悬浮抱杆。　　　　　　　　　　　　　（　　）

答案：正确

2. 多选题：对抱杆进行全面检查，抱杆主要构件存在下列（　　）缺陷时，不得安装。

A. 严重磨损　　　B. 锈蚀　　　　C. 塑性变形　　　D. 裂纹

E. 抱杆安全装置不齐全或失效

答案：ABCDE

3. 多选题：内悬浮内（外）拉线抱杆分解组塔时，应视构件结构情况在其上、（　　）部位绑扎控制绳，下控制绳（也称攀根绳）宜使用（　　）。

A. 上　　　　　　　B. 中　　　　　　　C. 下　　　　　　　D. 钢丝绳

E. 绝缘绳

答案：CD

4. 多选题：抱杆及电杆的临时拉线绑扎及锚固应牢固可靠，起吊前应经（　　）检查。

A. 指挥人　　　　B. 管理人员　　　　C. 专责监护人　　　D. 监理人

答案：AC

任务 3.3　抱杆提升

1. 抱杆提升操作

铁塔组立到一定高度，塔材全部装齐且紧固螺栓后方可提升抱杆。

提升过程中宜设置两道腰环，且间距不得小于 5m，腰环中心点应在同一铅垂线上且位于铁塔中心。抱杆高出已组塔体的高度应满足待吊段顺利就位的要求。抱杆拉线未受力前，不应松腰环。抱杆提升示意图见图 5-3。

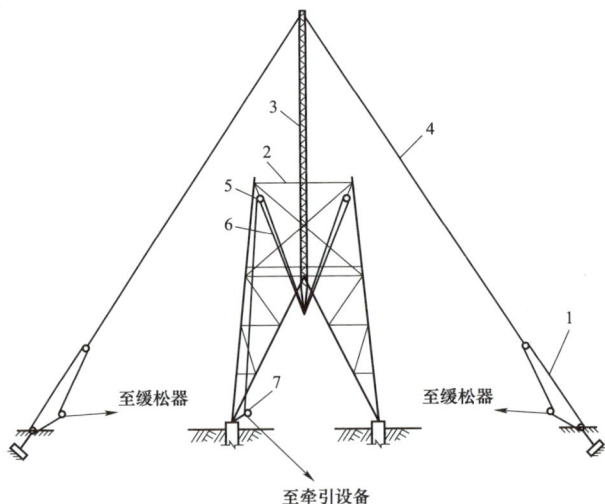

图 5-3　抱杆提升示意图

1—外拉线调节滑车组；2—腰环；3—抱杆；4—外拉线；

5—提升滑车组；6—提升绳；7—地面转向滑车

抱杆提升过程中，应设专人对腰环和抱杆进行监护；随抱杆的提升，应用缓松器同步缓慢放松拉线，使抱杆始终保持竖直状态。

抱杆提升到预定高度后，将承托绳固定在有水平材的主材节点上。承托绳应绑扎在主材节点的上方。两对侧承托绳间夹角不应大于 90°。承托绳的悬挂点应设置在有大水平材的塔架断面处，若无大水平材时，应验算塔架强度，必要时应采取补强措施。

承托绳设置完毕后，应随即收紧抱杆拉线，拉线受力后，调整腰环呈松弛状态。应在收紧拉线的同时，调整抱杆的倾斜角度，使其顶端滑车位于被吊构件就位后的结构重心的垂直上方。

2. 抱杆提升操作重要风险点控制

采用附着式外拉线抱杆分解组塔时，升降抱杆过程中，四侧临时拉线应由拉线控制人员根据指挥人命令适时调整，即必须由专人指挥且适时调整的强制要求。严禁无人指挥或用力过猛调整抱杆，以防发生安全事故。

四侧临时拉线有两个主要作用：① 调整抱杆的高程和垂直度；② 高程和垂直度调整完成后，用于固定抱杆不能位移或偏移。所以，在升降抱杆的过程中，因为调整作业人员不能确认抱杆的高程和垂直度是否满足铁塔组立的要求，所以，必须听从指挥人员的指挥，进行适时调整，确保抱杆在后期铁塔组立过程中作业人员的安全。

抱杆的提升及拆除

思考题

1. 单选题：提升抱杆时，需布置两层腰环，间距不得小于（　　）m。

A. 5　　　　　B. 6　　　　　C. 7　　　　　D. 8

答案：A

2. 单选题：两对侧承托绳间夹角不应大于（　　）。

A. 45°　　　　B. 60°　　　　C. 90°　　　　D. 120°

答案：C

3. 多选题：提升（顶升）抱杆时，不得少于（　　）腰环，腰环固定钢丝绳应呈（　　），同时应设专人指挥。

A. 两道　　　　　　　　B. 三道

C. 水平并收紧　　　　　D. 平行

答案：AC

任务 3.4　塔材吊装

1. 总体要求

吊装前应仔细核对抱杆允许荷载及相应允许起吊高度，所有各段重量及相应起吊高度均应处于抱杆荷载范围及相应允许起吊高度以内，严禁超载起吊；起吊过程中起吊速度应均匀，缓提缓放，并随时注意吊装情况；就位时，操作人员应事先选择好站立位置，正确系好安全绳，然后进行作业；分段分片吊装时，必须使用控制绳进行调整；塔件离地约 100mm 时，应暂停起吊并进行检查，确认正常后方可正式起吊，起吊过程中应慢慢松控制绳，使吊件与塔身保持 100mm 左右距离；在起吊过程中，四根座地拉线地锚应有专人监视，拉线尾绳要拉紧后锁在地锚上，不能用缓冲器承托受力；需要调紧抱杆拉线时，用手搬葫芦调紧，拉线采用钢丝绳卡固定；抱杆倾斜起吊时，应由两根拉线同时受力，避免一根拉线单独受力。

2. 塔腿吊装

应根据塔腿重量、根开、主材长度、场地条件等，采用流动式起重机或抱杆组立塔腿段；当铁塔与基础连接方式采用地脚螺栓时，在吊装塔腿前，应先安装塔脚板，并安装地脚螺母；吊装塔腿主材时，应选择方便主材起吊和就位的吊点位置，吊点应绑扎在主材重心高 0.5m 以上有主材眼孔的位置；单根主材组立完成后，应立即打好临时拉线，并随即紧固地脚螺栓或主材与插入式角钢间的连接螺栓；在主材吊装完毕后，吊装侧面构件，侧面构件可采用整体或分解吊装方式吊装，分解吊装时，应先吊装水平材，后吊装斜材，水平材吊装过程中，应采用调整临时拉线等方式调整就位尺寸；在四个塔面辅材未安装完毕之前，临时拉线不得拆除。

3. 塔身吊装

塔身应按稳定结构吊装，可采用成片吊装方式吊装，当吊装重量较大的段别时，应先吊装主材，再吊装侧面构件；采用成片吊装方式时，吊点绳绑扎点应在吊件重心以上的主材节点处，当绑扎点在重心附近时，应采取防止吊件倾覆的措施；采用 V 形吊点绳时，应由两根等长的钢丝绳通过卸扣连接，两吊点绳之间的夹角不得大于 120°；当塔片结构尺寸、重量较大时，应采取相应的补强措施。塔身吊装如图 5－4 所示。

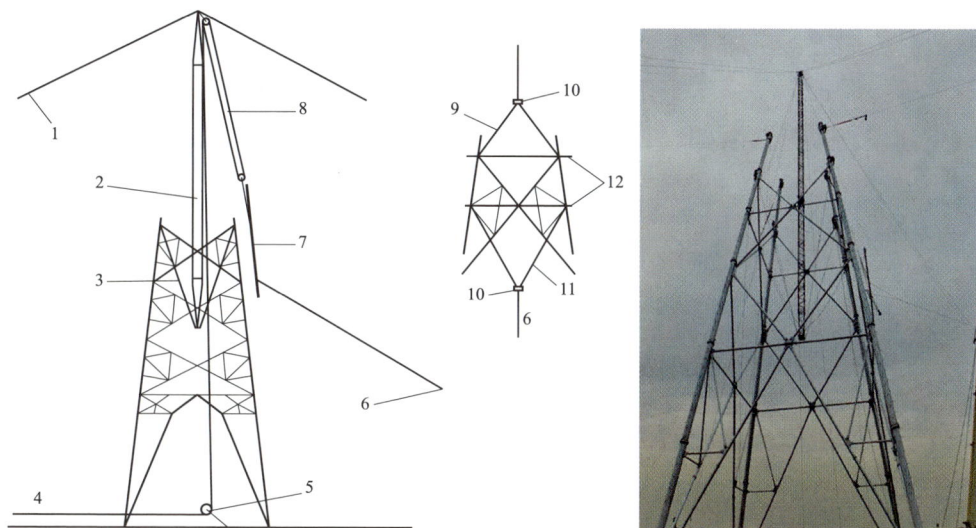

图 5-4　塔身吊装

1—抱杆外拉线；2—抱杆；3—承托绳；4—牵引绳；5—地滑车；6—控制绳；

7—吊件；8—起吊滑车组；9—吊点绳；10—卸扣；11—V 形控制绳；12—补强木

4. 曲臂吊装

应根据抱杆的承载能力、曲臂结构分段及场地条件确定采取整体或分段吊装的方式进行铁塔曲臂的吊装。采用整体吊装时，曲臂吊点绳宜用倒 V 形，并应绑扎在曲臂的 K 节点处或构件重心上方 1～2m 处。采用分段吊装时，应先吊装下曲臂，后吊装上曲臂，K 节点宜与下曲臂一起吊装，V 形吊点绳应绑扎在下曲臂或上曲臂重心上方 1～2m 处。一侧曲臂吊装完毕后，应随即在横线路方向设置临时座地拉线，临时座地拉线绑扎点宜设置在上曲臂顶部节点处；两侧曲臂安装好且紧固螺栓后，应在曲臂上口顺线路前后两侧加装绳索与调节装置并收紧，测量两侧上曲臂上口螺栓孔间的距离，其应与横担相应螺栓孔距离相一致。

5. 横担吊装

应根据抱杆承载能力、横担重量、塔位场地条件，确定采用整体吊装或分段分片吊装方式；鼓形塔或干字形塔，应先吊装上导线横担或地线横担；上导线横担或地线横担吊装完成后，可对其采取补强措施，并可作为吊装的支撑点吊装下层横担；保证抱杆倾斜角度控制在 5° 内，起吊绳与铅垂线间的夹角控制在 10° 以内；宜将吊点绳绑扎在横担重心偏外的位置，横担外端应略上翘，就位时应先连接上平面两主材螺栓，后连接下平面两主材螺栓。吊装鼓形塔下层横担时，上层横担上下平面阻碍起吊的交叉材应暂时不装，并应预留吊装空间。当采用分片吊装时，应对塔片进行补强措施。内悬浮外拉线分解组塔横担吊装如图 5-5 所示。

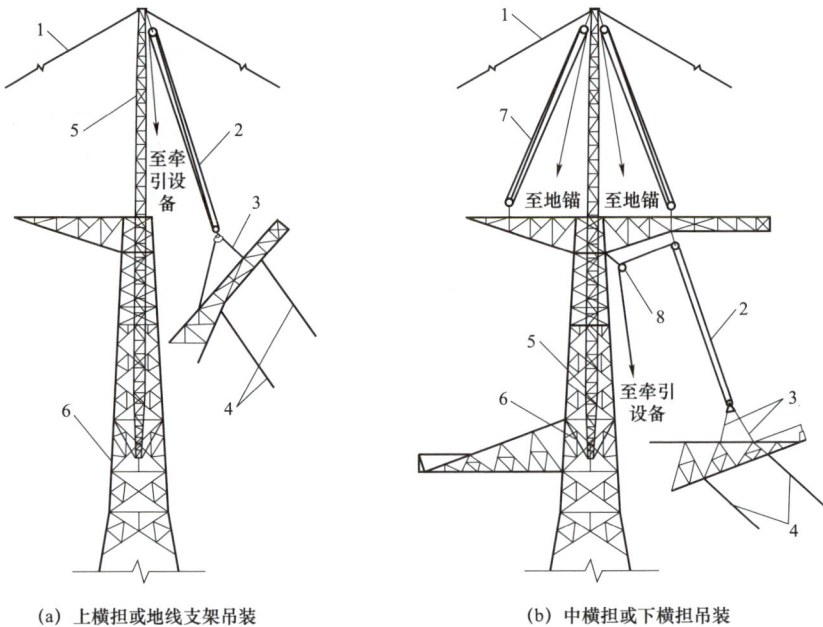

(a) 上横担或地线支架吊装　　　　(b) 中横担或下横担吊装

图 5-5　内悬浮外拉线分解组塔横担吊装

1—外拉线；2—起吊滑车组；3—吊点绳；4—控制绳；5—抱杆；

6—承托绳；7—平衡滑车组；8—转向滑车

6. 抱杆吊装重要风险点控制

采用内悬浮内（外）拉线抱杆分解组立铁塔是最常用的一种方式。在分解组塔时，承托绳悬挂点应设置在有大水平材的塔架断面处，若无大水平材时，应验算塔架强度，必要时应采取补强措施。

这个措施的关键点是若没有大水平材时，应对该部位塔架的强度进行验算，经现场实际勘查和计算后，若强度还不满足，应采取补强措施，直到该部位的强度满足计算模拟要求后，方可进行后续的施工作业。

内悬浮外拉线抱杆组塔吊装注意事项　　　　　内悬浮内拉线抱杆组塔

🔍 思 考 题

1. 判断题：内悬浮外拉线抱杆组塔，应根据抱杆承载能力、横担重量、横担结构分段等条件，确定采用整体吊装或分段分片吊装方式。　　（　　）

答案：正确

2. 单选题：内悬浮外拉线抱杆组塔，铁塔吊装时当吊件离地后应暂停起吊，由现场指挥检查各部受力情况。检查无误后，慢慢松控制绳，使吊件与塔身保持（　　）左右距离，方可起吊。

A. 0.1m　　　　　B. 0.80m　　　　　C. 1.0m　　　　　D. 1.5m

答案：A

3. 多选题：内悬浮外拉线抱杆组立铁塔时，符合塔腿吊装规定的有（　　）。

A. 在组立铁塔前，应先安装塔脚板，并应安装地脚螺母

B. 吊装塔腿主材时，应选择方便主材起吊和就位的吊点位置

C. 单根主材组立完成后，应立即打好临时拉线

D. 地形条件许可时，宜采用流动式起重机组立塔腿段

E. 条件允许时，可两段主材连在一起吊装

答案：ABCD

4. 多选题：构件起吊过程中，下控制绳应随吊件的（　　），保持吊件与塔架间距不小于（　　）。

A. 上升随之松出　　　　　　　　B. 上升随之收紧

C. 200mm　　　　　　　　　　D. 100mm

答案：AD

任务 3.5　抱杆拆除

铁塔组装完毕后，即可拆除抱杆。应收紧抱杆提升系统，使承托绳呈松弛状态后拆除，再将抱杆顶部降落到低于塔顶面以下，装好铁塔顶部水平材。

应将铁塔顶面的两对角主材上挂 V 形吊点绳，利用起吊滑车组将抱杆下降至地面，逐段拆除，拉出塔外，运出现场。V 形吊点绳位置应选在铁塔主材的节点处。

抱杆的提升及拆除

拆除时，应采取防止抱杆旋转、摆动的措施。

🔍 思考题

1. **判断题**：内悬浮外拉线抱杆拆除时，应采取措施防止抱杆旋转、摆动。

（　　　）

答案：正确

2. **单选题**：组塔过程中，拆除抱杆应采取防止拆除段自由倾倒的措施，且宜（　　　）拆除。不得提前拧松或拆除部分抱杆分段连接螺栓。

　A. 全段　　　　　B. 整段　　　　　C. 分别　　　　　D. 分段

答案：D

3. **多选题**：内悬浮内（外）拉线抱杆分解组塔时，应视构件结构情况在其上、（　　　）部位绑扎控制绳，下控制绳（也称攀根绳）宜使用（　　　）。

　A. 上　　　　　B. 中　　　　　C. 下　　　　　D. 钢丝绳

　E. 绝缘绳

答案：CD

|项目四　流动式起重机组塔|

任务 4.1　工器具选择及现场布置

1. 流动式起重机组塔的流程

流动式起重机组塔的流程见图 5-6。

```
┌─────────────┐
│    开始      │
└──────┬──────┘
       │
┌──────▼──────┐
│   前期准备    │
└──────┬──────┘
       │
┌──────▼──────┐
│ 塔料、工器具运输 │
└──────┬──────┘
       │
┌──────▼──────┐
│   塔材清点    │
└──────┬──────┘
       │
┌──────▼──────┐
│   起重机就位   │
└──────┬──────┘
       │
┌──────▼──────┐
│   分料组装    │
└──────┬──────┘
       │
┌──────▼──────┐
│   吊件吊装    │
└──────┬──────┘
       │
┌──────▼──────┐
│   吊装结束    │
└──────┬──────┘
       │
┌──────▼──────┐
│ 螺栓复紧与消缺 │
└──────┬──────┘
       │
┌──────▼──────┐
│    结束      │
└─────────────┘
```

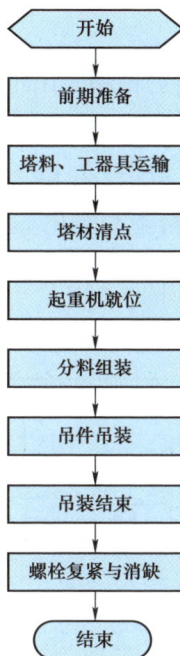

图 5-6　流动式起重机组塔的流程

2. 流动式起重机的选择

应根据铁塔参数和地形条件情况，选配适合不同吨位的起重机。小吨位起重机可吊装铁塔塔腿、塔身以及配合现场进行地面组装。大吨位起重机可吊装地线支架，导线横担及上、下曲臂。可采用两台起重机流水作业。

流动式起重机

应根据工作半径、吊装高度、吊件重量和吊装位置等因素选择和配置流动式起重机，并应保证各种工况下吊件与起重臂、起重臂与塔身的安全距离。

3. 流动式起重机的计算

流动式起重机分解组塔施工应进行施工计算，主要施工计算应包括施工过程中吊件的强度验算，主要起吊工器具的受力验算，流动式起重机作业工况的选择计算，流动式起重机的通过性验算及行走、转弯和吊装等各种工况下的场地地耐力计算及吊装情况下的倾覆验算。流动式起重机吊装塔材时，应留有施工裕度，吊重不宜超过相应幅度额定负荷的 90%。

起重工器具一般规定

4. 流动式起重机的布置

流动式起重机分解组塔，应选择铁塔正面外侧的中心位置，车体应布置在预留出的撤出通道方向。材料和机具场地应平整，并应满足施工作业要求。施工塔位场地布置示意图如图5-7所示。在电力线附近组塔时，起重机应接地良好。起重机及吊件、牵引绳索和拉绳与带电体的最小安全距离应符合安全规程的规定。

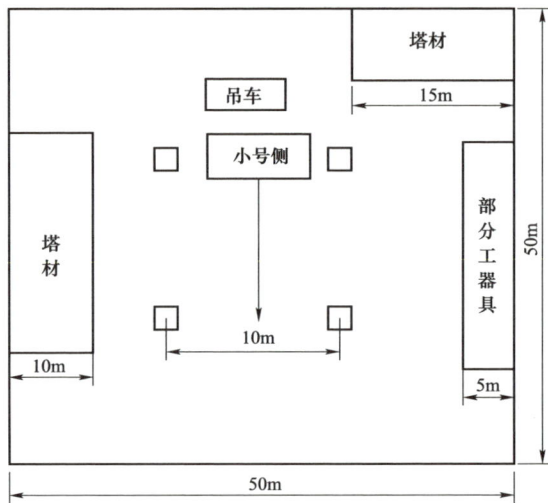

图5-7 施工塔位场地布置示意图

🔍 思考题

1. 单选题：流动式起重机吊装塔材时，应留有施工裕度，吊重不宜超过相应幅度额定负荷的（　　）。

　　A. 75%　　　　　B. 80%　　　　　C. 85%　　　　　D. 90%

答案：D

2. 单选题：在电力线附近组塔时，起重机必须（　　）良好。与带电体的最小安全距离应符合安全规程的规定。

　　A. 支设　　　　　B. 绝缘　　　　　C. 接地　　　　　D. 导电

答案：C

3. 判断题：流动式起重机分解组塔，流动式起重机站位应选择在铁塔正面外侧的中心位置，车体应布置在预留出的撤出通道方向。材料和机具场地应平整，并应满足施工作业要求。　　　　　　　　　　　　（　　）

答案：正确

4. 多选题：流动式起重机分解组塔，应根据（　　）等因素选择和配置流动式起重机，并应保证各工况吊件与起重臂、起重臂与塔身的距离。

A. 地形条件　　　　　　　　B. 工作半径

C. 吊装高度　　　　　　　　D. 吊件重量

E. 吊装位置

答案：BCDE

任务 4.2　塔材吊装

1. 总体要求

500kV 及以下输电线路单肢角钢塔分解组立施工宜优先采用对接装置，将对接装置安装于塔身主材接头处，对被吊塔段与已就位塔段对接起辅助作用，提升作业安全。吊装前应对起重机各部件认真检查，仔细核对起重机允许荷载及相应允许起吊高度，所有各段重量及相应起吊高度均应处于起重机荷载范围及相应允许起吊高度以内，严禁超载起吊。起吊过程中，起吊速度应均匀，缓提缓放，并随时注意吊装情况。就位时，操作人员应事先选择好站立位置，正确系好安全绳，然后进行作业。分段吊装时，上下段连接后，严禁用旋转起重臂的方法进行移位找正。分段分片吊装时，必须使用控制绳进行调整。塔件离地约 100mm 时，应暂停起吊并进行检查，确认正常后方可正式起吊。起重机在作业中出现不正常时，应采取措施放下塔件，停止运转后进行检修，严禁在运转中进行调整或检修。指挥人员看不清工作地点，操作人员看不清指挥信号时，不得进行起吊。

2. 塔腿吊装

宜分片吊装塔腿段，根据塔片参数可选用两吊点或四点吊；吊装塔片时，应采取补强措施；每一吊装段的塔片安装后，应在塔片上部安装反向拉线，应防止塔片变形、弯折和方便后期就位；吊钩拆除前应安装临时拉线，临时拉线拆除前两侧塔片中间连铁应安装完毕。塔腿吊装示意图如图 5−8 所示。

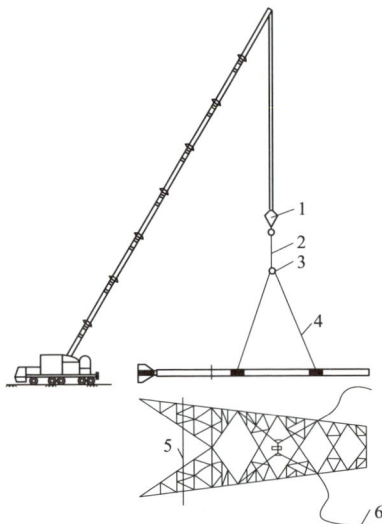

(a) 分段吊装

(b) 整体吊装

图 5-8　塔腿吊装示意图

1—吊钩；2—起吊绳；3—平衡滑车；4—吊点绳；5—补强木；6—控制绳

3. 塔身吊装

构件（塔片）吊装已组塔段的各种辅材必须安装齐全、已组塔段的连接螺栓紧固牢靠。起吊过程中，在保证不碰已组塔段的原则下，尽量松出控制绳，以减小各部受力。吊件上升时，应设专人监视吊件上升情况，控制绳受力不应过大，松放速度应与吊件提升速度相匹配，防止吊件冲撞塔。待构件下端吊至超过已组塔段上端时，应暂停起吊，由塔上负责人指挥起重机慢慢就位，构件主材对准已组塔段主材时，让主材就位进行安装。塔身吊装示意图如图5-9所示。

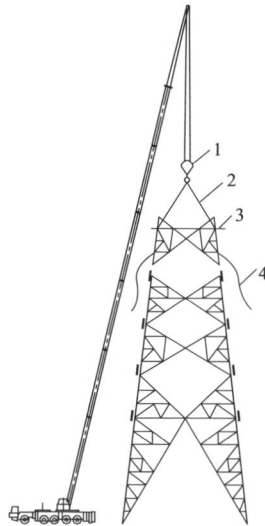

图5-9 塔身吊装示意图

1—吊钩；2—吊点绳；3—补强木；4—控制绳

千斤顶

4. 曲臂吊装

曲臂吊装时，应符合下列规定：宜整体吊装曲臂；上下曲臂就位后，应及时装设两侧上曲臂的连接控制绳；起重机出臂应有适当余量，并应防止塔件碰撞吊臂。曲臂吊装过程示意图如图5-10所示。

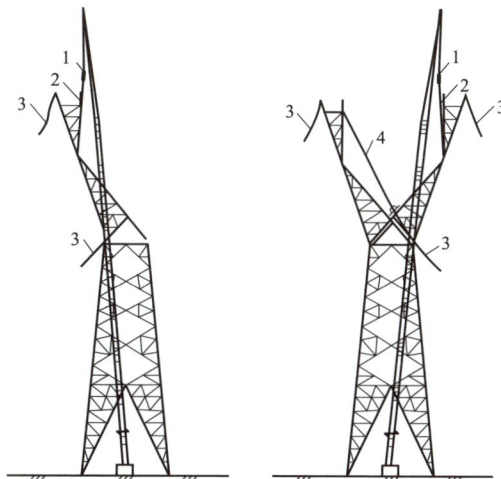

图5-10 曲臂吊装过程示意图

1—吊钩；2—吊点绳；3—控制绳；4—拉线

103

5. 横担吊装

横担吊装时，应符合下列规定：起重机出臂应有适当余量，并应防止塔件碰撞吊臂，宜整体吊装横担及顶架；酒杯形塔横担整体重量较大时，应先整体吊装中横担，再分别吊装两边横担及地线支架；干字形塔应先吊装导线横担，再吊装地线横担及跳线支架；羊字形铁塔横担，应按先下后上顺序吊装。横担吊装示意图如图 5—11 所示。

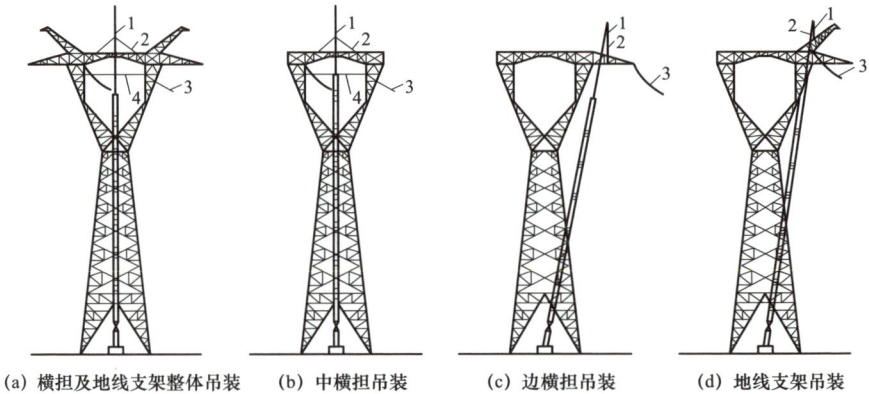

(a) 横担及地线支架整体吊装　(b) 中横担吊装　(c) 边横担吊装　(d) 地线支架吊装

图 5—11　横担吊装示意图

1—吊钩；2—吊点绳；3—控制绳；4—连接控制绳

6. 起重机吊装重要风险点控制

采用流动式起重机组塔时，必要时停车检查。流动式起重机包含汽车式起重机，为了保证起重作业的安全顺利，通常在初始起吊过程中有一个停机检查的要求。当吊件离开地面约 100mm 时应暂停起吊并进行检查，确认正常且吊件上无搁置物及人员后方可继续，速度应均匀。

吊装是高度危险作业，而铁塔吊装分为组片吊装、组段吊装和整体吊装，不论是组片、组段还是整体吊装，主要是考虑吊件体积大，这就决定了起重机的工作幅度必须大，对吊点绑扎的位置和牢固程度要求非常高，尤其吊件上未固定的搁置物一旦从高处坠落，将导致一定的伤害事故发生。所以，在初始起吊中要求停机检查。

流动式起重机分解组塔

思 考 题

1. **判断题**：流动式起重机分解组塔，分段吊装时，上下段连接后，严禁用旋转起重臂的方法进行移位找正。　　　　　　　　　　　　　　　（　　）

答案：正确

2. **判断题**：采用流动式起重机吊装铁塔曲臂时，宜整体吊装曲臂，上下曲臂就位后，无需装设两侧上曲臂的连接控制绳。　　　　　　　　　　（　　）

答案：错误

正确答案：采用流动式起重机吊装铁塔曲臂时，宜整体吊装曲臂，上下曲臂就位后，应及时装设两侧上曲臂的连接控制绳。

3. **单选题**：分段分片吊装时，必须使用控制绳进行调整；塔件离地约（　　）mm 时应暂停起吊并进行检查，确认正常后方可正式起吊。

A. 100　　　　　　　B. 200　　　　　　　C. 300　　　　　　　D. 500

答案：A

4. **多选题**：以下关于流动式起重机吊装铁塔横担顺序说法正确的是（　　）。

A. 酒杯形塔横担整体重量较大时，应先整体吊装中横担，再分别吊装两边横担及地线支架

B. 干字形塔应先吊装导线横担，再吊装地线横担及跳线支架

C. 羊字形铁塔横担应按先上后下顺序吊装

D. 羊字形铁塔横担应按先下后上顺序吊装

答案：ACD

|项 目 五　座 地 抱 杆 组 塔|

任务 5.1　工器具选择及现场布置

1. 座地平（摇）臂抱杆选择

各类座地平（摇）臂抱杆由于其重量、回转机构最小尺寸、吊臂长度等参数的不同，适用于不同的铁塔和地形，首先，座地双平臂抱杆吊臂合拢后的最大尺寸要小于铁塔瓶口尺寸，确保组塔后抱杆可顺利降落和拆除；其次，根据

塔型的不同，选择的抱杆吊臂长度要满足铁塔横担吊装需求；此外，抱杆的整体重量也是需要考虑的主要因素之一，在地形不好的地区，尽量选用较轻型的抱杆。

2. 座地平（摇）臂抱杆分解组塔施工计算

主要施工计算应包括以下内容：施工过程中吊件的强度验算；抱杆腰环、提升点等设置后，塔体的强度和稳定验算；抱杆等主要机具的受力计算；抱杆配套基础的设计计算。

3. 座地平（摇）臂抱杆设置

抱杆应设置于铁塔中心位置，抱杆基础地耐力应满足抱杆使用要求。抱杆吊装时，不平衡力矩不得超过其设计允许值，宜采用双侧平衡吊装方式。

座地平（摇）臂抱杆分解组塔施工现场平面布置应符合以下要求：进场运输道路应满足塔材运输或搬运要求；作业场地应平整，大小应满足塔材地面组装等作业要求；动力牵引平台、材料和机具场地应平整，并应满足施工作业要求；施工辅助道路应满足动力设备进场和起吊牵引绳布置等要求；动力地锚及其控制绳地锚设置应满足施工方案要求。座地双平臂抱杆组塔现场布置示意图如图 5-12 所示。

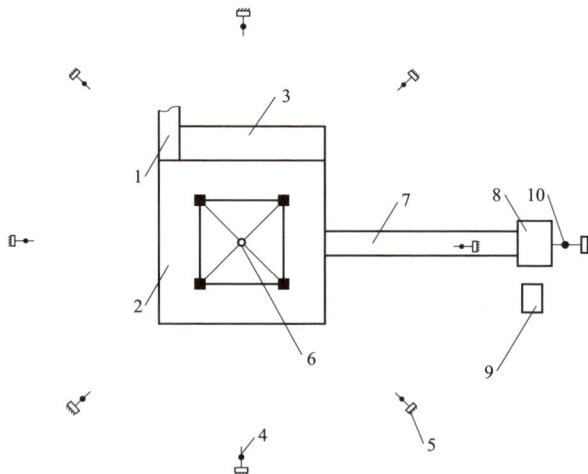

图 5-12　座地双平臂抱杆组塔现场布置示意图

1—进场运输道路；2—作业场地；3—材料和机具场地；4—控制绳地锚；5—主材 45°拉线地锚；
6—抱杆基础；7—施工辅助道路；8—起吊设备动力平台；9—指挥控制室；10—动力地锚

抱杆动力设备可设在塔身构件副吊侧及非横担整体吊装侧，与铁塔中心的距离不应小于塔全高的 1/2 且不应小于 40m。主卷扬机应设置独立的地锚，地锚出线对地角度应不大于 45°。抱杆两个吊钩的钩体上应有醒目的区分标识，防脱钩装置可靠，吊钩挂绳处截面磨损量不得超过原高度的 10%。双平臂抱杆工作高度大于 70m 时，宜设置高空视频监控系统，通过主控台控制，监视抱杆两侧平臂小车及吊钩。

🔍 思 考 题

1. **单选题**：抱杆动力设备可设在塔身构件副吊侧及非横担整体吊装侧，与铁塔中心的距离不应小于塔全高的 1/2 且不应小于（　　）m。

A. 60 　　　　　 B. 50 　　　　　 C. 40 　　　　　 D. 30

答案：C

2. **判断题**：各类座地平（摇）臂抱杆选用时，要满足座地双平臂抱杆吊臂合拢后的最大尺寸要大于铁塔瓶口尺寸，确保组塔后抱杆可顺利降落和拆除。

（　　）

答案：错误

正确答案：各类座地平（摇）臂抱杆选用时，要满足座地双平臂抱杆吊臂合拢后的最大尺寸要小于铁塔瓶口尺寸，确保组塔后抱杆可顺利降落和拆除。

3. **多选题**：座地平（摇）臂抱杆分解组塔施工应进行施工计算，主要施工计算应包括以下内容（　　）。

A. 施工过程中吊件的强度验算

B. 抱杆腰环、提升点等设置后塔体的强度和稳定验算

C. 抱杆等主要机具的受力计算

D. 抱杆配套基础的设计计算

答案：ABCD

任务 5.2　抱杆安装

1. 座地平（摇）臂抱杆安装要求

抱杆的安装根据地形采用不同的安装方式，一般平地采用流动式起重机安装，山地利用抱杆安装。

抱杆安装施工中，重点检查的内容有构件外观、地锚、拉线、连接件、安

全装置、电气接地、环保等。

抱杆组装顺序一般为底座及其拉线，顶升系统和杆身，回转系统及杆头，起重臂及变幅系统，电气及安全保护系统，视频监控系统，杆头辅助设施如障碍灯、避雷针、风速仪。座地双平臂抱杆基本段组装示意图如图 5－13 所示。

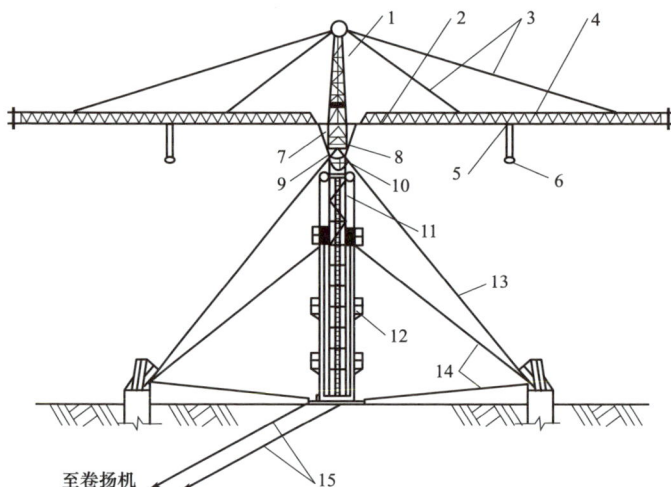

图 5－13　座地双平臂抱杆基本段组装示意图

落地双平臂抱杆安装验收

1—抱杆顶节；2—变幅机构；3—拉索；4—吊臂；5—载重小车；6—吊钩；

7—回转杆身；8—上支座；9—回转支承；10—下支座；11—标准节；

12—套架；13—抱杆临时拉线；14—套架锚固线；15—起吊绳

抱杆组立过程中，应根据施工方案及抱杆性能要求及时设置腰环、拉线，并应保持抱杆杆身正直。

抱杆底座应接地，接地装置应连接可靠，接地电阻不得大于 4Ω。平臂抱杆组塔施工及防雷接地保护原理图见图 5－14。

抱杆基本段及电气部分安装完成后，应对小车变幅限制器、回转限制器、起重量限制器、力矩限制器、力矩差控制器和变频器等装置进行调试和参数设置；且应在调试完成后使用前进行试吊，并应经验收合格后方可投入使用。

2. 平臂抱杆安装过程中的重要风险点控制——接地防护

输电线路工程都是在野外进行施工作业的，受天气变化和地理环境的影响，在抱杆组装期间，抱杆应用良好的接地装置，接地电阻不得大于 4Ω。

图 5–14　平臂抱杆组塔施工及防雷接地保护原理图

用于组立铁塔使用的各类抱杆在施工区域内，基本上是最高的金属结构，且容易被直击雷或其他形式雷电击中，若抱杆的接地装置设置不合理或接触不良，接地电阻大于 4Ω，将无法在很短的时间内将雷电高达数千万伏的电压释放，就有可能导致正在作业的施工人员受到雷电伤害。

🔍 **思考题**

单选题：抱杆底座应接地，接地装置应连接可靠，接地电阻不得大于（　　）Ω。

A. 20　　　　　　B. 10　　　　　　C. 5　　　　　　D. 4

答案：D

任务 5.3　塔材吊装

1. 总体要求

平臂抱杆单侧吊装时，对侧臂应吊适当配重，起到平衡作用，双侧吊装时，双侧塔片应对称布置其重量宜相等；摇臂抱杆总起吊总量需要控制在允许范围内，起吊作业时，无特殊情况，要求两侧摇臂的起吊重量一致，平衡吊装，有特殊需要时，需控制两侧摇臂起吊重量的最大差值不得大于设备规定值；摇臂抱杆组塔过程中，下支座的四根双钢丝绳内拉线安装在已组立完成的塔身顶部，尾绳引至地面，用卡线器和链条葫芦收紧固定在塔脚施工孔上。

2. 塔腿吊装

塔腿吊装应符合下列规定：宜采用流动式起重机组立塔腿段；采用抱杆吊装塔腿段时，吊件摆放应满足抱杆垂直起吊要求，两侧吊件应按抱杆中心对称放置；根据塔腿重量、根开、主材长度、场地条件等，可以选用单根或分片吊装塔腿；单根主材或塔片组立完成后，应打设临时拉线，且在四面辅材未安装完毕前不得拆除临时拉线。塔腿拉线布置示意图如图 5-15 所示。

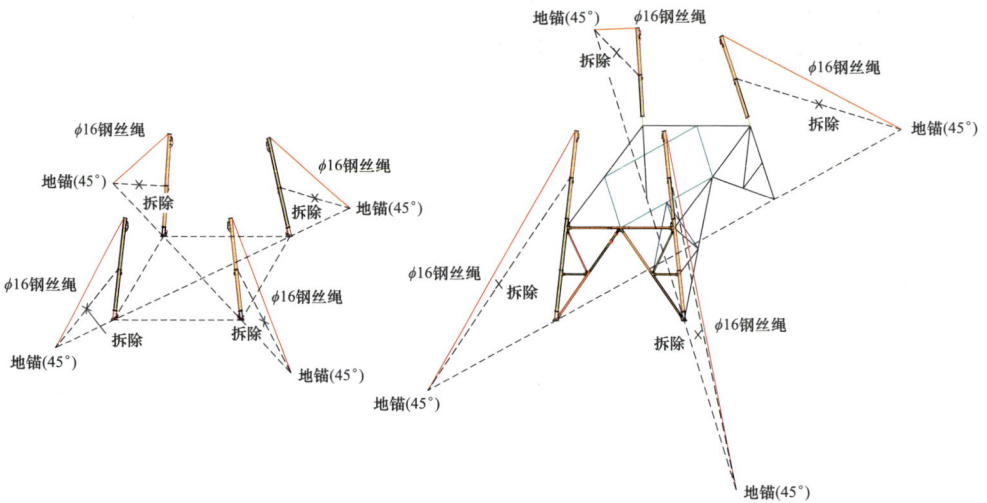

图 5-15 塔腿拉线布置示意图

3. 塔身吊装

铁塔塔片宜组装在吊点的垂直正下方。塔身吊装时，应根据实际情况，采取设置外拉线等防止内倾措施和就位尺寸调整措施。对结构尺寸较大的分片吊装塔片，吊装时应采取必要的补强措施。塔身吊装如图 5-16 所示。

4. 曲臂吊装

宜采用两侧曲臂平衡吊装方案中；曲臂吊点绳宜用倒 V 形，吊点绳应绑扎在曲臂的 K 节点处或构件重心上方 1～2m 处；曲臂吊装完成后应打好临时拉线。曲臂吊装示意图如图 5-17 所示。

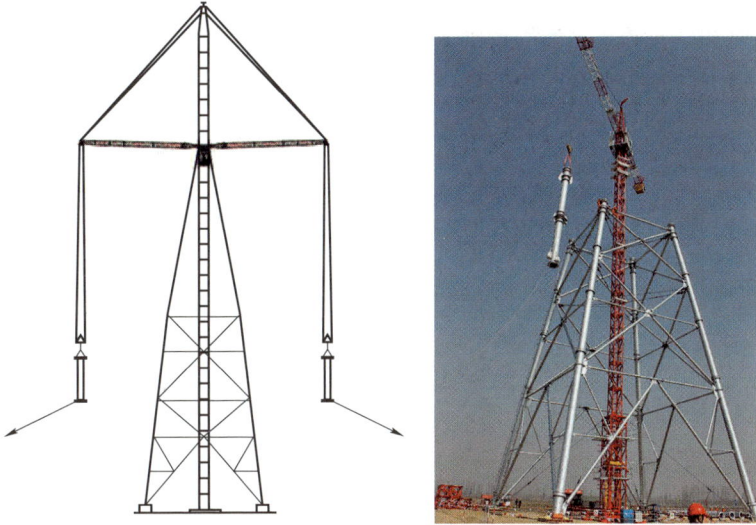

图 5-16　塔身吊装

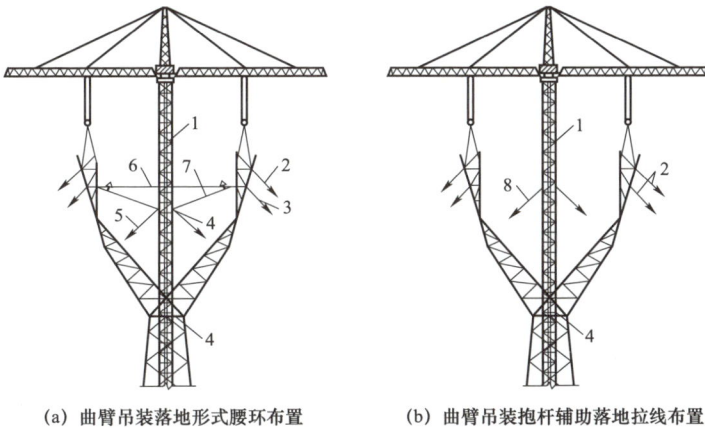

(a) 曲臂吊装落地形式腰环布置　　　(b) 曲臂吊装抱杆辅助落地拉线布置

图 5-17　曲臂吊装示意图

1—抱杆；2—控制绳；3—落地拉线；4—腰环；5—腰环落地拉线；

6—水平拉线；7—防坠拉线；8—抱杆辅助外拉线

5. 横担吊装

吊装顺序一般为从下往上依次吊装，先是下横担，最后是上横担和地线支架（也可从上往下借助已吊装横担进行施工）。横担吊装应采用四点绑扎，用吊带绑扎在下平面，靠近塔心侧的吊点绳应挂链条葫芦以调整吊点绳。横担吊装示意图如图 5-18 所示。

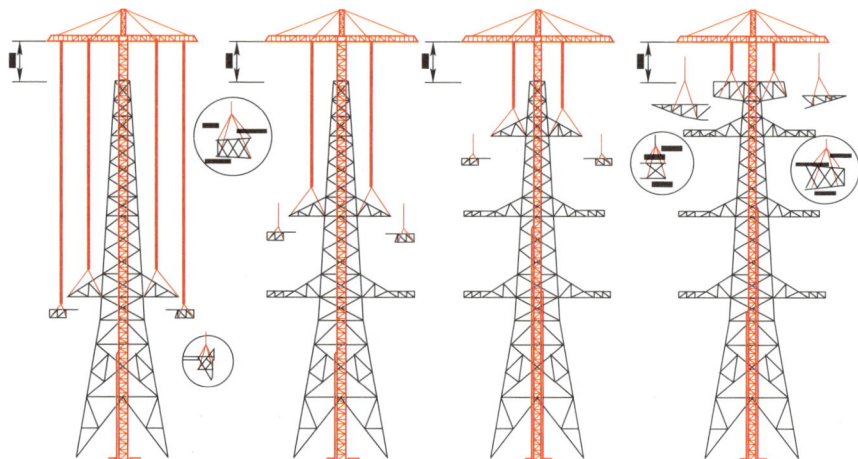

图 5-18　横担吊装示意图

6. 座地平（摇）臂抱杆分解组塔过程重要风险点控制——腰环要求

采用座地平（摇）臂抱杆分解组塔过程中，在提升（顶升）抱杆时，不得少于两道腰环，腰环固定钢丝绳应呈水平并收紧，同时应设专人指挥。

主要原因有两个：① 腰环的抗拉强度远远高于抱杆的主辅材强度，如果钢丝绳捆绑在抱杆主辅材上，在提升抱杆的过程中，强拉强拽后将导致抱杆的主辅材变形、开焊等情况；② 使用两道腰环，主要是考虑到抱杆自身的重量，在抱杆提升过程中通过两道腰环分解集中受力，同时，在提升（顶升）抱杆的过程中，确保抱杆的稳定性。座地摇（平）臂抱杆分解组塔见图 5-19。

图 5-19　座地摇（平）臂抱杆分解组塔

座地双摇臂抱杆分解组塔

落地双平臂抱杆塔材吊装

🔍 思考题

1. **单选题**：座地平（摇）臂抱杆组塔施工时，曲臂吊点绳宜用倒 V 形，吊点绳应绑扎在曲臂的 K 节点处或构件重心上方（　　）处。

A. 1～2m　　　　B. 2～3m　　　　C. 3～5m　　　　D. 6～8m

答案：A

2. **判断题**：双摇臂抱杆组塔总起吊重量需要控制在允许范围内，起吊作业时无特殊情况，要求两侧摇臂的起吊重量一致，平衡吊装。（　　）

答案：正确

3. **多选题**：座地平（摇）臂抱杆分解组塔时，塔腿吊装应根据塔腿（　　）等，选用单根或分片吊装塔腿。

A. 重量　　　　B. 根开　　　　C. 主材长度　　　　D. 场地条件

答案：ABCD

任务 5.4　抱杆提升

1. 抱杆提升

每吊完一段塔体后，应将四侧辅材全部补装齐全，并应紧固螺栓后再提升抱杆；抱杆提升过程中，应根据其性能要求及施工方案，合理布置腰环数量；抱杆升高后，应用经纬仪在顺线路和横线路两个方向上监测抱杆的竖直状态，应在抱杆调直后再收紧并固定各层腰环。腰环布置如图 5-20 所示。

图5-20　腰环布置

落地双平臂抱杆顶升、附着安装

2. 抱杆提升过程重要风险点控制——抱杆垂直度监视

对于超过一定高度、作业场地较好的铁塔组立施工现场，比较适合采用座地平（摇）臂抱杆分解组塔作业。在吊装构件前，抱杆顶部应向受力反侧适度预倾斜。构件吊装过程中，应对抱杆的垂直度进行监视，抱杆向吊件侧倾斜不宜超过 100mm。即在对起重机械和施工安全的充分考虑情况下，并经过结构受力的严格计算、吊臂矢弯及试验后确定的数值，在施工期间应严格控制。

🔍 思 考 题

判断题：抱杆提升后，应用经纬仪在顺线路和横线路两个方向上监测抱杆的竖直状态。 （　　）

答案：正确

任务 5.5　抱杆拆除

抱杆拆除时，应先拆除抱杆头部可能妨碍双臂向上折叠收拢的部分装置，如视频监控探头等。收臂前，检查起重臂上收臂防撞缓冲装置工作是否正常，臂根与抱杆杆身连接铰转动是否灵活。

抱杆拆除时，应将两吊臂收拢并与桅杆固定，然后按提升逆程序将抱杆标准节从底部逐节拆除。

抱杆降到一定高度后，可采用流动式起重机或在塔身上挂滑车组的方式将剩余部分拆除。抱杆拆除布置如图 5-21 所示。

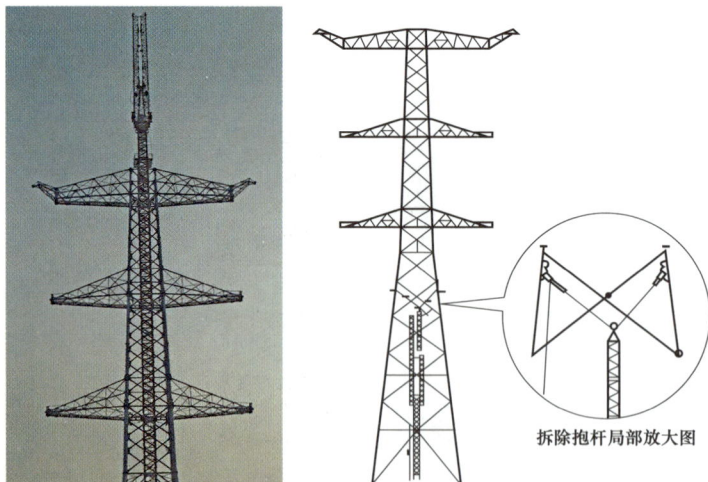

图 5-21　抱杆拆除布置

🔍 思　考　题

判断题： 抱杆拆除时应将两吊臂收拢并与桅杆固定，然后按提升逆程序将抱杆标准节从底部逐节拆除。　　　　　　　　　　（　　）

答案： 正确

钢管塔组立

模块六 架线施工基本技能

|项目一 施 工 技 术 准 备|

任务 1.1 班组交底

架线施工前，作业层班组骨干均应参加项目部级交底，清楚施工方案相关要求，班组长在听懂弄通后，核实现场作业条件，提炼核心内容，填写作业票；班组级交底要通过站班会宣读作业票等形式，向全体作业人员讲清楚任务分工、技术要点、管控措施，确保所有作业人员清楚掌握相应交底内容，并在 e 基建中完成相应操作。

任务 1.2 施工技术档案填写

1. 主要验收记录

《国家电网有限公司输变电工程施工质量验收统一表式（架空线路部分）》中第 9 部分为架线工程，共包括 10 份检验批质量验收记录和 3 份原始记录表式，其中：

导地线展放施工需填写的验收记录包括导线、地线（OPGW）展放与连接检验批质量验收记录表，导线、地线接续管施工检验批质量验收记录表，导线、地线耐张管施工检验批质量验收记录表。

紧线施工需填写的验收记录包括导线、地线（OPGW）紧线检验批质量验收记录表。

附件安装施工需填写的验收记录包括直线塔附件安装检验批质量验收记录表、耐张塔附件安装检验批质量验收记录表。

光缆施工需填写的验收记录包括 OPGW 光缆安装检验批质量验收记录表、ADSS 光缆安装检验批质量验收记录表、光缆接头衰耗测试检验批质量验收记录、光缆纤芯衰耗测试检验批质量验收记录表、光缆现场开盘测试记录表。

架线施工完成后需测量填写的验收记录包括风偏及对地开方距离记录表、交叉跨越记录表。

2. 重点要求

检验批划分：导地线展放检验批质量验收检查数量以一个放线段为一个检验批；直线压接管检验批质量验收检查数量以一个档距为一个检验批；耐张压接管检验批质量验收检查数量以一基耐张塔为一个检验批；导线、地线（含 OPGW）紧线检验批质量验收检查数量以一个耐张段为一个检验批；附件安装检验批质量验收检查数量以一基杆塔为一个检验批；光缆安装检验批质量验收检查数量以一个熔接段为一个检验批；光缆接头衰耗测试检验批质量验收检查数量以单个接头盒为一个检验批；光缆纤芯衰耗测试检验批质量验收检查数量以单个测试段为一个检验批。

检查数量：

（1）主控项目：全数检查。

（2）一般项目：全数检查。

🔍 **思 考 题**

判断题： 导地线展放检验批质量验收检查数量以一个耐张段为一个检验批。

（　　）

答案： 错误

正确答案： 导地线展放检验批质量验收检查数量以一个放线段为一个检验批。

|项目二　施　工　准　备|

任务 2.1　放线基本规定

1. 张力放线的基本程序

（1）导引绳展放：优先用飞行器展放初级导引绳，连接后牵放其他高级别导引绳，也可以用其他方式展放导引绳。

（2）导引绳牵放牵引绳：用牵引机收卷导引绳，将施工段内的导引绳更换为牵引绳。

（3）牵引绳牵放导地线：用牵引机收卷牵引绳，展放导地线。

2. 导地线的放线方式

单导线、地线放线应采用一牵 1 放线方式。同相（极）多分裂导线的子导线宜同步展放。一般同极多分裂导线的分裂数为 2、4、6、8 根。

（1）张力放线宜优先采用集控智能可视化牵张放线方式，实现人机分离和远程集中控制，降低安全风险。

（2）一次展放：用一台（或两台）牵引机经张力机组合成所需多分裂导线的导线轮，用牵放多分裂导线的牵引板和放线滑车配合放线。主要包括一牵 2、一牵 4、一牵（2+4）、二牵（4+2）、二牵（4+4）等。

（3）同步展放：在同一放线施工段内，在保持同档距内的放线弧垂基本相同的情况下，两套或两套以上张牵机组合展放同相（极）子导线到达牵引场的时间差不宜超过半小时。

1）一般同步展放方式：一牵 4＋一牵 2、2×（一牵 4）、2×（一牵 3）、二牵（4+2），即经张牵机组合成同步展放所需多分裂导线数的张牵机配合放线；也可采用 3×（一牵 2）或 4×（一牵 2），即用多台牵引机与多台二线张力机配合同步放线。

2）多牵引绳牵放多分裂导线的同步展放导线方式（多个一牵 1 组合同步展放方式），即用一台或多台张牵一体机组合同步展放同极分裂导线，放线时导线通过与之配套的放线滑车。

（4）分次展放方式：在考虑了导线蠕变对导线弧垂的影响后，也可采用一套张牵机分次展放同极多分裂子导线方式。

3. 架线施工应遵守的规定

（1）架线前、后，地脚螺栓和铁塔螺栓必须进行紧固，且符合设计紧固力矩和防松、防卸要求，严禁在地脚螺母紧固不到位时进行保护帽施工。

（2）对于特高压线路"三跨"跨越档内导地线不应有接头，对于其他电压等级"三跨"，耐张段内导地线不应有接头。

（3）应采取有效的保护措施，防止导地线放线、紧线、连接及安装附件时受到损伤。

（4）放线段长度宜控制在 6～8km，且不宜超过 20 个放线滑车。当超过时，应采取相应的质量保证措施。

（5）牵、张场地位置应便于牵张设备和材料的运达及布置。牵张场两侧杆塔允许做直线锚线。

（6）耐张塔单侧紧挂线时，应按设计要求安装临时拉线，平衡对侧导线的水平张力。

（7）耐张段金具组合形式应适合耐张塔附件安装作业；耐张长度小于 1500m 时，应按过牵引长度小于 200mm 验算耐张塔。耐张塔金具组装串中应具有长度调整的金具。整塔和塔局部结构承载能力和构造应满足施工及维修中挂放线滑车、安装承力工具进行高处作业需要。

（8）由于在张力放线过程中，会遇到导线带有感应电、不可抗力的天气变化和其他环境影响，造成触电、雷击等人身伤害事故，为了确保放线施工安全，《国家电网有限公司电力建设安全工作规程　第 2 部分：线路》（Q/GDW 11957.2—2020）规定，张力放线时的接地应遵守下列规定：① 架线前，放线施工段内的杆塔应与接地装置连接，并确认接地装置符合设计要求；② 牵引设备和张力设备应可靠接地，操作人员应站在干燥的绝缘垫上，且不得与未站在绝缘垫上的人员接触；③ 牵引机及张力机出线端的牵引绳及导线上应安装接地滑车；④ 跨越不停电线路时，跨越档两端的导线应接地；⑤ 应根据平行电力线路情况，采取专项接地措施。

（9）除严格执行规程规定以外，应对各部位接地方式和牢固程度进行专门检查，尤其是现场在用的消防器材是否在合格期内或有效压力范围，都应做好检查记录。同时，做好事故应急救援准备。

张力架线作业前施工技术准备工作　　张力架线作业前机具设备安全检查

4. 主要施工机具使用

（1）使用前检查。工器具必须经检验合格并在有效期内使用。张力架线受力工器具，如网套连接器、牵引板、抗弯连接器、旋转连接器、卡线器、手扳葫芦等，均按出厂允许承载能力选用，并注意其规格与导线规格和主要机具相匹配。使用前应对所用工器具认真进行外观检查，并依据相关规程规定进行必要的试验。

第一次启动或中、大修后，启动主牵引机、主张力机、小牵引机、小张力机、钢丝绳卷车时，应先检查各部分润滑油、液压油的油量、油质，然后按照机械说明书规定启动，空载运转至规定时间。

每次使用牵引机、张力机前，应对设备的布置、锚固、接地装置以及机械系统进行全面检查，并做空载运转试验。

（2）牵引设备使用要求。电网输变电工程建设施工使用的牵引设备属于专用设备，牵引设备卷筒上的钢索至少应缠绕 6 圈。牵引设备的制动装置应经常检查，保持有效的制动力。这主要是考虑到钢丝绳在卷筒表面所产生的摩擦力，能够立即制动并抵御紧急状态下绳索脱离卷筒的要求。所以，在牵引设备操作过程中，应对制动装置的旋转部位、卡销部位、绳索排列等经常检查，包括尘土、杂物清理等，以保持有效的制动力。

（3）张力设备使用要求。导引绳、牵引绳端头宜采用插接式绳扣。插接式绳扣的拉断力不应低于本绳的综合拉断。每项工程前或每年，应对导引绳、牵引绳进行一次检验和保养，如发现有金钩，明显背扣以及一个节距内断丝超过 5%时，应切断后改制成插接式绳套，断丝严重的应予报废。

张力放线前，施工项目部和作业班组应指派专人对现场布置情况进行专项安全技术检查，对不符合要求的应及时整改。《国家电网有限公司电力建设安全工作规程　第 2 部分：线路》（Q/GDW 11957.2—2020）规定，张力放线前由专人检查下列工作：① 牵引设备及张力设备的锚固应可靠，接地应良好；② 牵张段内的跨越架结构应牢固、可靠；③ 通信联络点不得缺岗，通信应畅通；④ 转角杆塔放线滑车的预倾措施和导线上扬处的压线措施应可靠；⑤ 交叉、平行或邻近带电体的放线区段接地措施应符合施工方案的安全规定。一牵 4 牵张场平面布置图见图 6—1。

根据现场的布置，还应检查消防器材是否合格，放线区段内是否安排了专人看护，事故应急救援准备是否完善等。

（4）网套连接器使用要求。为了保护导地线在连接过程中不受到损伤，线路施工中常用连接网套进行线线连接。《国家电网有限公司电力建设安全工作规程　第 2 部分：线路》（Q/GDW 11957.2—2020）规定，导线、地线网套连

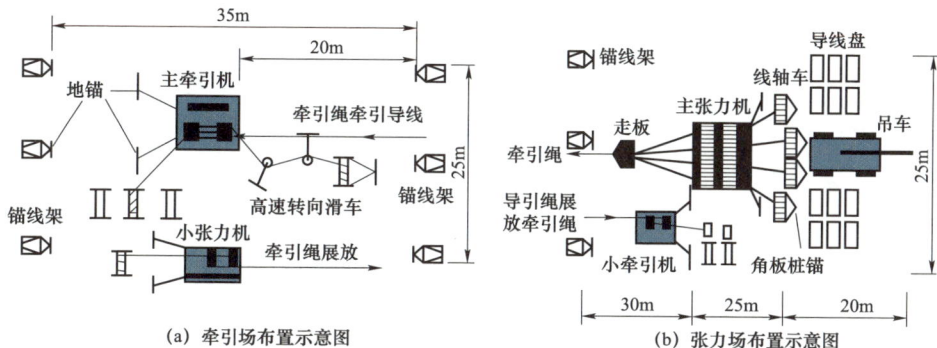

图 6-1　一牵 4 牵张场平面布置图

接器应符合下列要求：① 导线、地线连接网套的使用应与所夹持的导地线规格相匹配；② 导地线穿入网套应到位，网套夹持导地线的长度不得少于导地线直径的 30 倍；③ 网套末端应用铁丝绑扎，绑扎不得少于 20 圈；④ 导地线连接网套每次使用前，应逐一检查，发现有断丝者不得使用；⑤ 较大截面的导线穿入网套前，其端头应做坡面梯节处理；⑥ 施工过程中需要导线对接时，宜使用双头网套。

（5）卡线器使用要求。卡线器是线路施工中用于卡线和拉紧导地线并使之固定的专用工具，应认真核实和确认卡线器的规格型号和完好状态后，再投入使用。卡线器的使用应与所夹持的线（绳）规格相匹配。卡线器有裂纹、弯曲、转轴不灵活或钳口斜纹磨平等缺陷的禁止使用。

（6）抗弯连接器使用要求。抗弯连接器使用前，应进行外观安全技术检查，抗弯连接器表面应平滑，与连接的绳套相匹配，出现任何裂纹、变形、磨损严重或连接件拆卸不灵活时，都应禁止使用。输电线路工程常用的抗弯连接器见图 6-2。

图 6-2　输电线路工程常用的抗弯连接器

抗弯连接器

（7）旋转连接器使用要求。旋转连接器是在输电线路放线作业中，用于连接牵引绳与导线的重要专用工具，《国家电网有限公司电力建设安全工作规程第 2 部分：线路》（Q/GDW 11957.2—2020）规定，旋转连接器应符合下列要求：① 旋转连接器使用前，检查外观应完好无损，转动灵活无卡阻现象，不得超负荷使用；② 旋转连接器的横销应拧紧到位，与钢丝绳或网套连接时应安装滚轮并拧紧横销；③ 旋转连接器不宜长期挂在线路中；④ 发现有裂纹、变形、磨损严重或连接件拆卸不灵活时不得使用；⑤ 宜采用抗弯型旋转连接器。输电线路工程常用的旋转连接器见图 6–3。

旋转连接器

图 6–3　输电线路工程常用的旋转连接器

🔍 思考题

1. **判断题**：同极多分裂导线的子导线不应同步展放。　　　　　（　　　）

答案：错误

正确答案：同极多分裂导线的子导线应同步展放。

2. **单选题**：导线同步展放时，两套或两套以上张牵机组合展放同极子导线到达牵引场的时间差不宜超过（　　　）h。

A. 0.5　　　　　　　B. 1　　　　　　　C. 1.5　　　　　　　D. 2

答案：A

3. **判断题**：牵、张场地位置应便于牵张设备和材料的运达及布置。牵张场两侧杆塔允许作直线锚线。　　　　　（　　　）

答案：正确

4. **判断题**：牵引机、张力机应以机身吊运环（孔）起吊。　　　　　（　　　）

答案：正确

5. 单选题：导引绳、牵引绳端头宜采用（　　）绳扣。插接式绳扣的拉断力不应低于本绳的综合拉断。

A. 压接式　　　　B. 插接式　　　　C. 螺栓式　　　　D. 焊接式

答案：B

任务 2.2　架线前检查

1. 导地线检查

（1）导线。

1）导线表面应光洁、绞合应均匀紧密，不得有断股、缺股、松股、跳股和压扁现象，表面不得有腐蚀发黑、发灰现象，切割后应无明显回扭或散股。

2）使用游标卡尺测量导线外径，允许误差为：直径 10mm 及以上，$\pm 1\%d$（d 为直径）；直径 10mm 以下，± 0.1mm。

3）导线表面不应有目力可见的缺陷，如明显的划痕、压痕等。

4）检查两层导线之间的垫衬情况，如无垫衬易造成导线损伤。

（2）地线。输电线路工程地线主要采用镀锌钢绞线、钢芯铝绞线、铝包钢绞线。因铝包钢绞线使用较多，现就铝包钢绞线进行介绍。

1）铝包钢绞线表面应光滑，不应有目视可见的缺陷，如露钢现象及明显的划痕、压痕等，且不得有与良好的商品不相称的任何缺陷。

2）铝包钢绞线应绞合均匀、紧密，不应有缺股、断股、松股、破皮等现象。绞合后所有钢丝应自然的处于各自位置，当切断时，各线端应保持在原位或容易用手复位。

3）使用游标卡尺测量导线外径，允许误差为：直径 10mm 及以上，$\pm 1\%d$（d 为直径）；直径 10mm 以下，± 0.1mm。

（3）OPGW 光缆。光缆为一种特殊的架空地线，兼具通信功能，现已在输电线路工程广泛采用。其注意事项如下：

1）运抵现场的光缆应再次核实缆盘盘号、线长、分盘起止塔号无误，外观、包装无损坏、变形，各种铭牌、标记清晰齐全，在展放前不得拆除包装。

2）在运输过程中，光缆盘的装卸应使用吊车，严禁将缆盘直接从车上推下；缆盘必须立放，严禁平放；在地面滚动缆盘时，滚动方向必须与缆盘上标明的箭头方向一致，且只限于地势平坦、较短距离时。

3）缆盘在地面摆放立放不得歪斜，地面必须平整无凸起物，两边盘沿应有支垫物。

2. 绝缘子及金具检查

（1）瓷绝缘子。

1）检查绝缘子的规格、型号、数量、瓷件颜色和销子必须符合设计要求。

2）瓷绝缘子应按设计图样在规定的部位均匀涂一层光滑、发亮并坚硬的釉，釉面应无裂纹和影响其良好运行性能的其他缺陷。釉不应有显著的色调不均现象，瓷绝缘子表面缺陷不应超过相关规程规定的要求，不应有裂纹、生烧、过火和氧化气泡现象，且不应影响其安装和连接。

3）铁帽、球头应无裂纹、皱缩、气孔、接缝、毛边及粗糙的边棱。铁件与瓷质的结合密实度、碗头销钉的匹配性、瓷绝缘子之间匹配情况、瓷绝缘子与球头碗头匹配情况应符合要求。

（2）玻璃绝缘子。

1）检查玻璃绝缘子的规格、型号、数量和销子必须符合设计要求。

2）玻璃件内不应有结石，不应有直径大于 3mm 的气泡，玻璃件不应有缺料。表面不应有裂纹、毛糙、开口泡及明显凸凹不平的变形。

3）铁帽、球头应无裂纹、皱缩、气孔、接缝、毛边及粗糙的边棱。碗头铁件与玻璃件的结合密实度、碗头销钉的匹配性、玻璃绝缘子之间匹配情况、玻璃绝缘子与球头碗头匹配情况应符合要求。

（3）合成绝缘子。

1）绝缘子包装应完好无损。

2）观察伞群、护套及黏结剂无老化，伞群对折 3 次不破裂，绝缘子球头无弯曲现象。

3）碗头销钉的匹配性、绝缘子球头与金具碗头匹配情况、复合绝缘子与均压环匹配情况应符合要求。

（4）金具。

1）检查金具零件配套齐全，规格、型号、数量及金具连接配合应符合设计要求。

2）检查耐张管、接续管、补修管等内外径尺寸误差应符合要求。

思考题

判断题： 在地面滚动光盘线盘时，滚动方向必须与缆盘上标明的箭头方向一致。（　　）

答案： 正确

任务 2.3　放线滑车悬挂

1. 直线塔放线滑车悬挂

（1）放线滑车是输电线路放线施工作业的专用工具，由于放线滑车结构的特殊性和滑轮材料的属性，决定了放线滑车在使用时的安全技术要求。注意事项如下：① 放线滑车允许荷载应满足放线的强度要求，安全系数不得小于3；② 放线滑车悬挂应根据计算对导引绳、牵引绳的上扬严重程度，选择悬挂方法及挂具规格；③ 直线转角塔的预倾滑车及上扬处的压线滑车应设专人监护。

在放线滑车使用前，应严格检查滑车各机构运转是否正常，重点检查滑轮轮沿是否有破损掉块情况，防止放线过程中导线掉槽卡死后，造成导线报废，甚至发生断线事故。单轮滑车和三轮滑车分别见图6-4和图6-5。

放线滑车

图6-4　单轮滑车　　　　图6-5　三轮滑车

（2）悬挂方式。直线塔和直线转角塔导线放线滑车悬挂是在安装悬垂绝缘子串的同时，将放线滑车一起连接上，同时安装并悬挂。

1）Ⅰ型复合绝缘子串放线滑车悬挂：磨绳一端绑扎在放线滑车的横梁上，Ⅰ型复合绝缘子串松拢在磨绳上可绑扎 2～3 道，牵引磨绳穿过横担转向滑车至地面与绞磨连接进行牵引，绝缘子串和放线滑车离开地面用控制绳进行控制。磨绳与复合绝缘子串间要隔开，防止相磨，见图 6-6。

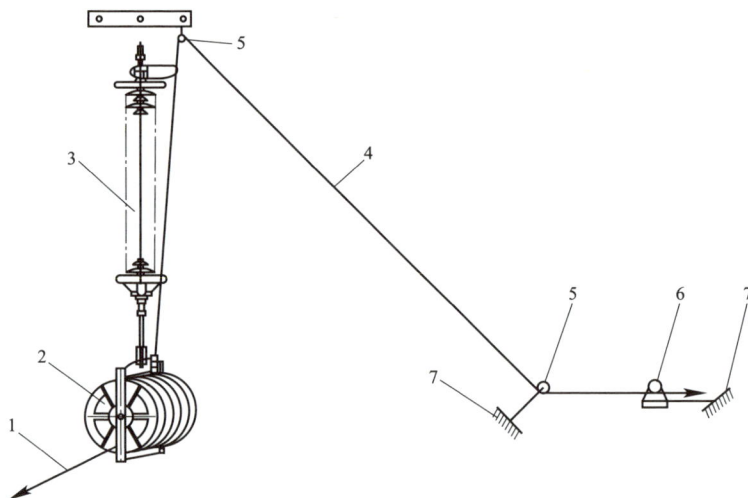

图 6-6　Ⅰ型复合绝缘子串及滑车吊装示意图

1—棕绳；2—放线滑车；3—绝缘子串；4—钢丝绳；5—转向滑车；
6—机动绞磨；7—地锚

2）Ⅱ型复合绝缘子串双放线滑车悬挂。磨绳通过钢绳套分别绑扎在两只放线滑车的横梁上，Ⅱ型复合绝缘子串间通过木棒隔开，可设置 2～3 道支承杆以防止两串绝缘子碰撞，并与磨绳相拢，见图 6-7。

3）V 形复合绝缘子串悬挂滑车前，将绝缘子金具串、挂滑车专用联板、放线滑车在地面连接完成。起吊滑车的起吊点设在联板上部的施工孔上，用卸扣与磨绳连接，起重滑车设置在铁塔横担的施工孔上，将磨绳通过导向滑车引至地面绞磨进行提升，同时在横担根部与端部挂辅助滑车用尼龙绳将 V 形复合绝缘子人工辅助提升就位，见图 6-8。

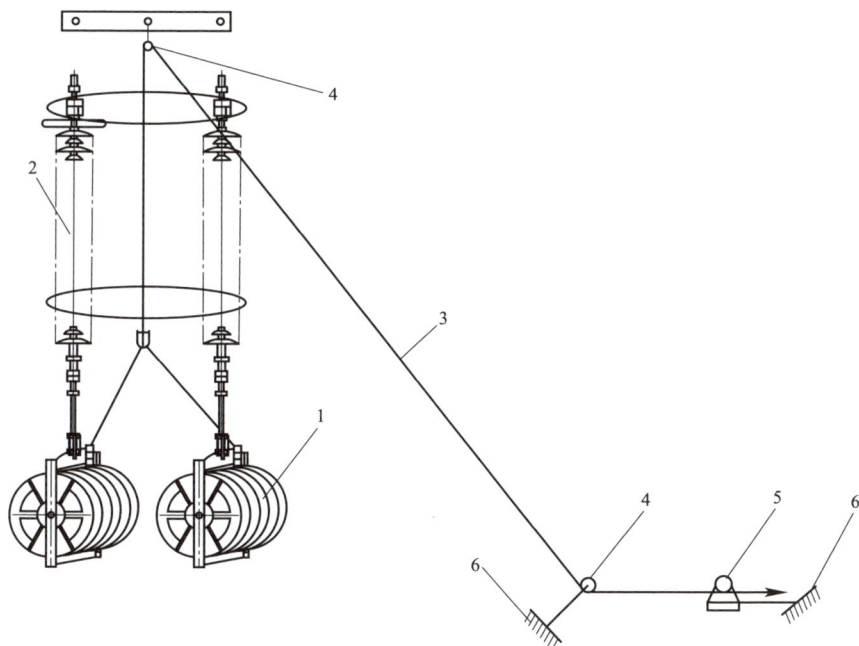

图6-7　Ⅱ型复合绝缘子串及滑车吊装示意图

1—放线滑车；2—绝缘子串；3—钢丝绳；4—转向滑车；5—机动绞磨；6—地锚

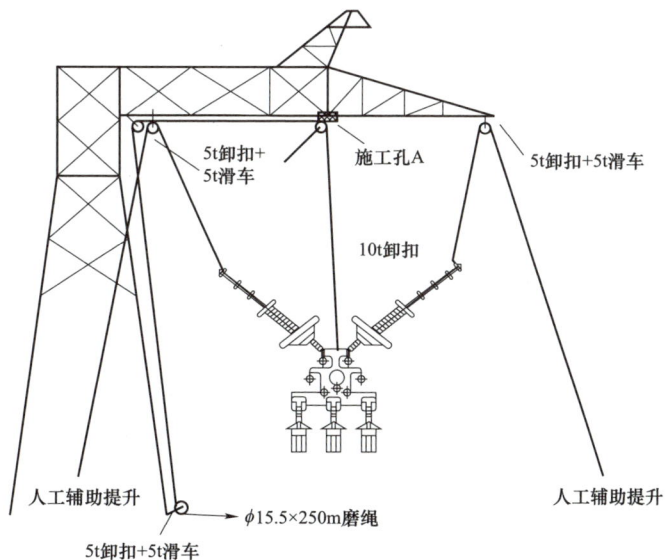

5t卸扣+5t滑车

施工孔A

5t卸扣+5t滑车

10t卸扣

人工辅助提升

人工辅助提升

5t卸扣+5t滑车

ϕ15.5×250m磨绳

图6-8　V形复合绝缘子串及滑车吊装示意图

2. 耐张转角塔放线滑车悬挂

耐张转角塔悬挂放线滑车采用钢绳套做挂具，用钢丝绳套将放线滑车悬挂在横担的合适位置（紧线后导线距最终安装位置较近、作业方便），由于铁塔在加工时一般已预留耐张塔滑车的施工挂孔，所以耐张塔单滑车的悬挂直接采用钢丝绳 V 形套进行悬挂。悬挂双放线滑车之间用支撑杆隔离，长度与两放线滑车挂点宽度基本相同，见图6-9。

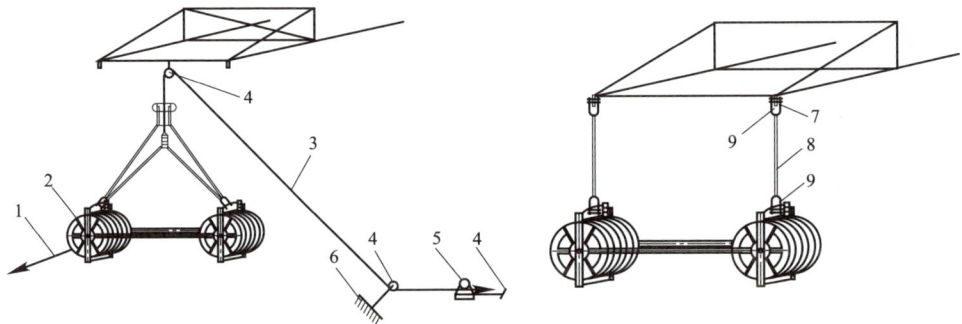

图6-9　耐张塔双滑车悬挂示意图

1—棕绳；2—放线滑车；3—钢丝绳；4—起吊滑车；5—机动绞磨；

6—地锚；7—螺栓；8—钢丝绳套挂具；9—卸扣

3. 放线滑车悬挂控制要点

（1）直线塔和直线转角塔一般将放线滑车挂在悬垂绝缘子下，耐张转角塔用挂具将放线滑车直接挂在横担下方的专用施工孔上。对于无挂点利用的悬挂点采用钢绳套缠绕前后主材悬挂，钢丝绳套缠绕前利用大于肢宽的道木，并用胶垫缠绕以保护横担主材及钢丝绳。

（2）每基铁塔是否需要悬挂双滑车，应按照施工方案执行。采用双滑车或组合式滑车挂设，滑车间需用支撑杆连接，支撑杆强度应满足要求。

（3）导线放线滑车宜采用挂胶滑车或其他韧性材料。导线滑车轮槽底直径不宜小于 $20d$（d 为导线直径），地线滑车轮槽底直径不宜小于 $15d$（d 为相应线索直径）。

思考题

1. 判断题：导线放线滑车在安装悬垂绝缘子串的同时将放线滑车一起连接上，同时安装并悬挂。　　　　　　　　　　　　　　　　　　　　（　　）

答案：正确

2. **判断题：**直线塔放线滑车悬挂时，磨绳与复合绝缘子串间不用隔开，不用采取防止相磨措施。　　　　　　　　　　　　　　　　（　　）

答案：错误。

正确答案：直线塔放线滑车悬挂时，磨绳与复合绝缘子串间要隔开，采取防止相磨措施。

3. **多选题：**经验算放线滑车与横担下平面相碰时，宜采取的措施应符合规定，正确的是（　　　　）。

A. 适当加长挂具长度　　　　　　B. 利用压线滑车压线

C. 适当增大放线张力　　　　　　D. 增设临时挂架或其他方法悬挂滑车

答案：ABD

|项目三　跨 越 架 搭 拆|

任务 3.1　跨越的分类

1. 跨越架的重要性

跨越架的型式应根据被跨越物的类别和重要性确定。在跨越架的搭设过程中严格按照跨越架搭设施工方案执行。

2. 跨越架分类

施工常见的跨越架主要为木杆跨越架、毛竹跨越架、钢管跨越架、金属格构式跨越架。

任务 3.2　跨越架搭拆

1. 跨越架的搭设

跨越架的中心应在线路中心线上，宽度应考虑施工期间牵引绳或导地线风偏后超出新建线路两边线各 2.0m，且架顶两侧应设外伸羊角。羊角杆作为承接落物的主要杆件，不仅对杆件材质的抗冲击强度有要求，同时，杆件必须搭设并绑扎牢固，确保能够接住落物并顺滑至架体主结构上。

跨越施工是电网输变电工程施工安全风险管控的重点，施工单位可根据地形和周围环境，选择搭设跨越架的材料。但是，无论使用哪一种材料搭设跨越架，都必须在确保安全的情况下，严格执行施工方案，严格检查验收程序。在施工作业过程中，应加强技术指导和安全监护，并在施工现场做好应急救援准备。

2. 跨越架的拆除

附件安装完毕后，方可拆除跨越架。钢管、木质、毛竹跨越架应自上而下逐根拆除，并应有人传递，不得抛扔。不得上下同时拆架或将跨越架整体推倒。

任务 3.3 封网措施安装和拆除

跨越架的搭设和封网施工，是输电线路施工安全风险管控的重点作业项目。注意事项如下：① 绝缘绳、网与被跨越电力线路导地线的最小垂直距离在事故状态下（跑线、断线），不得小于安全规程的规定，在雨季施工时应考虑绝缘网受潮后弛度的增加；② 在多雨季节和空气潮湿情况下，应在封网用承力绳与架体连接处采取分流调节保护措施；③ 跨越架架面（含拉线）距被跨电力线路导线之间的最小安全距离在考虑施工期间的最大风偏后不得小于安规的规定。

使用悬索跨越架时，可能接触带电体的绳索，使用前均应经绝缘测试并合格。绝缘网宽度应满足导线风偏后的保护范围。绝缘网伸出被保护的电力线外长度不得小于 10m。

除严格执行规程规定，重点核实被跨电力线路导线之间的安全距离是否满足规程要求外，还应增设专人进行安全监护。同时，做好事故应急救援准备。跨越电气化铁路施工搭设跨越架与封网图见图 6-10。

图 6-10 跨越电气化铁路施工搭设跨越架与封网图

思考题

1. **判断题**：跨越架横担中心应设置在新架线路每相（极）导线的中心垂直投影上。　　　　　　　　　　　　　　　　　　　　　　（　　）

答案：正确

2. **单选题**：木、竹跨越架立杆均应垂直埋入坑内，杆坑底部应夯实，埋深不得少于（　　）m。

A. 0.3　　　　　　B. 0.5　　　　　　C. 0.8　　　　　　D. 1.0

答案：B

项目四　非张力放线施工

任务 4.1　工器具选择及现场布置

1. 工器具要求

放线时的通信应畅通、清晰、指令统一，不得在无通信联络的情况下放线。放线滑车使用前应进行外观检查。带有开门装置的放线滑车，应有关门保险。线盘架应稳固，转动灵活，制动可靠。必要时打上临时拉线固定。穿越滑车的引绳应根据导地线的规格选用。引绳与线头的连接应牢固。

2. 现场基本要求

线盘或线圈展放处，应设专人传递信号。作业人员不得站在线圈内操作。线盘或线圈接近放完时，应减慢牵引速度。架线时，除应在杆塔处设监护人外，对被跨越的房屋、路口、河塘、裸露岩石及跨越架和人畜较多处均应派专人监护。导线、地线（光缆）被障碍物卡住时，作业人员应站在线弯的外侧，并应使用工具处理，不得直接用手推拉。

任务 4.2　非张力展放导线

1. 人力放线基本规定

（1）领线人应由技工担任，并随时注意前后信号。拉线人员应走在同一直线上，相互间保持适当距离。

（2）通过河流或沟渠时，应由船只或绳索引渡。

（3）通过陡坡时，应防止滚石伤人。遇悬崖险坡应采取先放引绳或设扶绳等措施。

（4）通过竹（树）林区时，应防止竹桩或树桩尖扎脚。人力放线见图 6-11。

图 6-11　人力放线

2. 机械牵引放线基本规定

导引绳或牵引绳的连接应用专用连接工具。牵引绳与导线、地线（光缆）连接应使用专用连接网套或专用牵引头。

3. 拖拉机牵引放线基本规定

（1）途经的桥梁、涵洞应事先进行检查与鉴定，不得冒险强行。

（2）行驶速度不得过快，驾驶员应随时注意指挥信号。

（3）行驶中作业人员不得爬车、跳车或检修部件。挂钩上不得站人。

（4）爬坡时拖拉机后面不得有人。

（5）不得沿沟边、横坡等险要地形行驶。

|项目五　张力放线施工|

任务 5.1　工器具选择及现场布置

1. 放线施工区段划分

架线区段严格按照项目部制定的架线施工方案执行，架线区段的划分影响因素主要有：

（1）运输进场道路、桥梁满足要求，牵引机、张力机能直接运达，场地地形及面积满足设备摆放要求。

（2）放线段长度控制在 6～8km，且不宜超过 20 个放线滑车。当超过时，应采取相应的质量保证措施。

（3）选用施工区段长与数盘导线累计线长相近的方案，以减少接续管数量。

（4）选用便于跨越施工、停电作业时间最短的架线段方案。

2. 布置施工场地

张牵场地大小为 40m×60m，场地应先进行平整，按方案中的规定进行张牵场地布置，根据方案中的要求挖设各类型地锚坑及埋设，一牵 6 张力场、牵引场布置图见图 6-12 和图 6-13。

张力架线区段划分

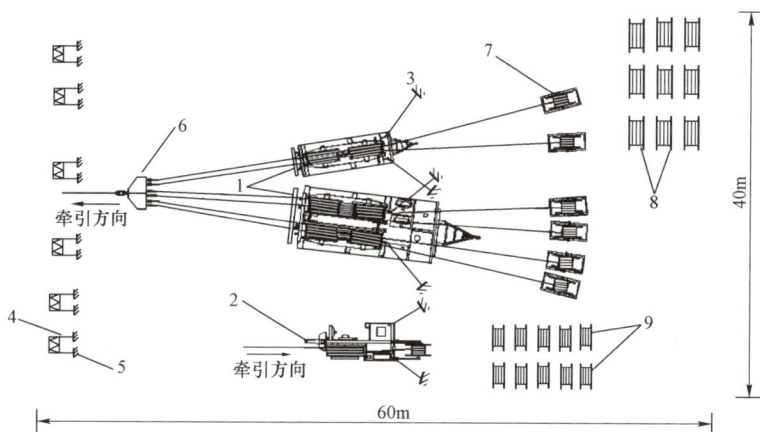

图 6-12　一牵 6 张力场布置图

1—张力机；2—小牵引机；3—地锚；4—锚线架；5—锚线地锚；6—牵引板；

7—张力机尾车；8—导线；9—导引绳

（1）牵引机、张力机一般布置在线路中心线上。牵引机、张力机出线方向与线路方向一致。

（2）牵引机、张力机进出口与邻塔悬点的高差角不超过 15°，水平角不超过 7°。

（3）牵引机卷扬轮、张力机导线轮、导线线轴、导引绳及牵引绳卷筒的受力方向均必须与其轴线垂直。

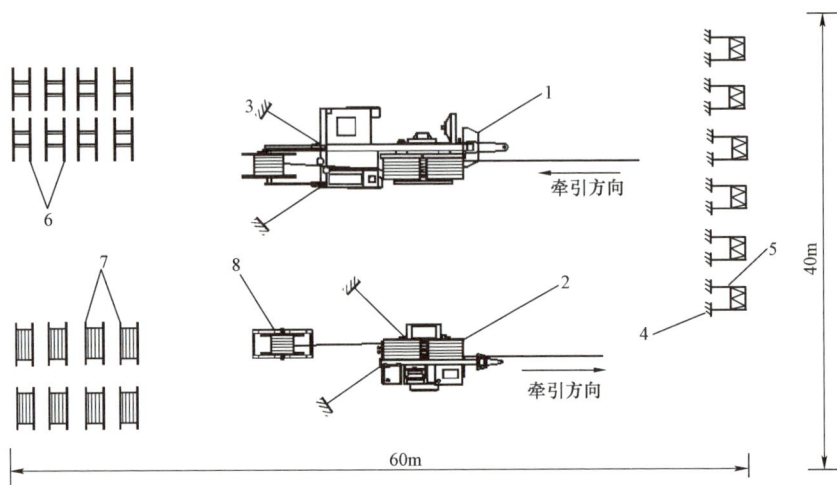

图 6-13　一牵 6 牵引场布置图

1—大牵引机；2—小张力机；3—地锚；4—锚线地锚；5—锚线架；6—牵引绳轴架；
7—牵引绳；8—小张力机尾车

（4）钢丝绳卷车与牵引机的距离和方位、线轴架与张力机的距离和方位张力机导向轮进线口与线轴架间距离不得小于 15m。成扇形布置放线架，使导线出线方向垂直于放线架中心轴，吊车布置在放线架的后方，其侧面为导线集放区。

（5）牵引机、张力机、钢丝绳卷车、线轴架等必须使用相应规格的地锚、钢丝绳、链条葫芦进行锚固。

（6）导线线轴的摆放位置应便于换轴作业。

（7）吊车站位布置在便于更换线轴的位置。

（8）小牵引机应布置在不影响牵放牵引绳和牵放导线同时作业的位置上。

（9）锚线地锚坑位置应尽可能接近弧垂最低点。

（10）牵引场、张力场机械设备必须按要求设置接地系统。

3. 牵引场平面转向布置

受地形限制，牵引场选场困难而无法解决时，可通过转向滑车转向布场，牵引场转向平面布置图见图 6-14。转向滑车可设一个或几个，但张力场不宜转向布场。牵引场转向布场应注意：

（1）每一个转向滑车的荷载均不得超过所用滑车的允许承载能力。各转向滑车荷载应均衡，即各滑车包络角度宜均等。

（2）靠近邻塔的最后一个转向滑车应接近被展放导线线路方向。

（3）靠近牵引机的第一个转向滑车应使牵引机受力方向正确。

（4）转向滑车应使用允许连续高速运转的大轮槽专用滑车，每个转向滑车均应可靠锚定。

（5）由转向滑车及其通过的线索围成的区域及其外侧为危险区，不得放置其他设备材料，工作人员不应进入。

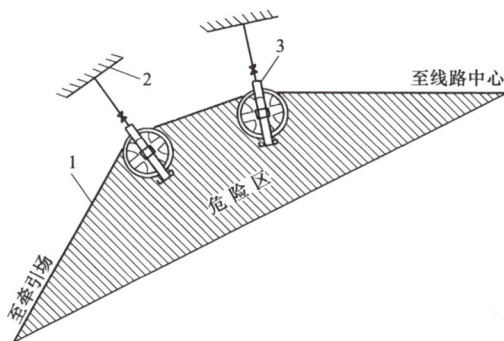

图 6-14 牵引场转向平面布置图

1—牵引绳；2—转向滑车地锚；3—转向滑车

张力场布置　　　　牵引场布置　　　张力场操作安全注意事项　　牵引场操作安全注意事项

🔍 思 考 题

1. 单选题：放线段长度控制在 6～8km，且不超过（　　）个放线滑车。

A. 15　　　　　　B. 16　　　　　　C. 20　　　　　　D. 21

答案：C

2. 判断题：牵引机、张力机一般布置在线路中心线上。牵引机、张力机出线方向与线路方向一致。　　　　　　　　　　　　　　　　　　（　　　）

答案：正确

3. 多选题：受地形限制，牵引场布置困难时，可通过单个或多个滑车转向布置。牵引场转向布置符合规定的是（　　　　）。

A. 每一个转向滑车承受的载荷不应超过滑车的允许承载力

B. 各转向滑车转向角度应相等

C. 靠近邻塔的第一个转向滑车应接近线路中心线，靠近牵引机的第一个转向滑车应使牵引机受力方向正确

D. 应使用大转槽专用高速滑车作为转向滑车，每个转向滑车应可靠锚固

答案：ABCD

多学一点——牵引场转向布置

① 使用专用的转向滑车，锚固应可靠；② 各转向滑车的荷载应均衡，不得超过允许承载力；③ 牵引过程中，各转向滑车围成的区域内侧禁止有人。

［《110kV～750kV 架空输电线路张力架线施工工艺导则》（DL/T 5343—2018）第 5.1.4 条规定］

任务 5.2　引绳展放

1. 张力放线的通信系统

张力放线的现场总指挥设在张力场。各作业面按现场总指挥的统一指令作业，现场总指挥按各岗位的情况，汇总并判断后发出作业指令。

牵引时，应先开张力机，待张力机刹车打开后，再启动牵引机；停止牵引作业时，应先停牵引机，后停张力机。放线过程中应始终保持尾线、尾绳有足够的尾部张力。

张力放线通信系统要求

主牵引机接到由任何岗位发出的停车信号时，均应立即同时停止牵引；任何情况下，张力机应按现场总指挥的指令操作。

2. 导引绳、牵引绳和导地线展放

利用旋翼无人机展放初级导引绳，再依次循环展放牵引绳。导引绳与牵引绳的连接应使用旋转连接器。牵引过程中，旋转连接器严禁直接进入牵引轮或卷筒口，必须更换成抗弯连接器后才能进入卷扬轮。

牵引绳带张力牵放，用导引绳通过小牵引机和小张力机配合，带张力展放

牵引绳，展放牵引绳的操作方法与导线张力放线相同，属于一牵 1 放线方式，见图 6-15。

图 6-15 导引绳与牵引绳连接示意图

地线展放一般以导引绳作为架空地线张力放线的牵引绳，使用小牵引机、小张力机牵放架空地线，见图 6-16。

图 6-16 导引绳与地线连接示意图

（1）导引绳、牵引绳的安全系数。在输电线路放线施工过程中，各种导引绳和牵引绳（见图 6-17）的使用非常频繁，为了确保在使用期间的安全，对这些绳索的抗拉强度和现场检查都有严格的要求。导引绳、牵引绳的安全系数不得小于 3，特殊跨越架线的导引绳、牵引绳安全系数不得小于 3.5。

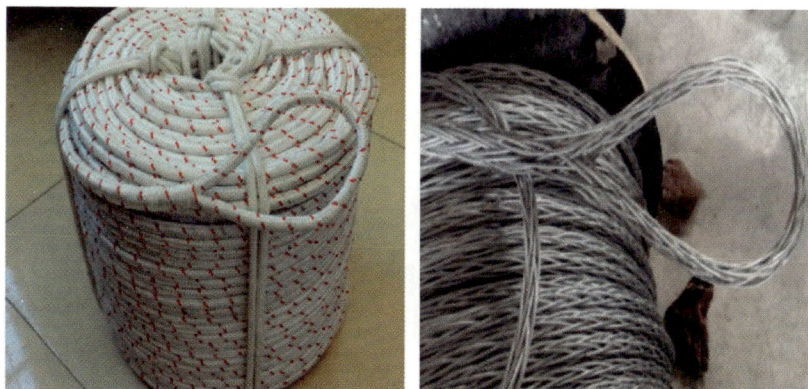

图 6-17 线路工程常用的导引绳和牵引绳

（2）初级导引绳安全系数。初级导引绳为钢丝绳时安全系数不得小于 3，为纤维绳时安全系数不得小于 5。严禁擅自改变、禁止以小代大。

（3）导引绳、牵引绳或导线临锚时的规定。临时地锚属于受力工器具，在输电线路工程施工中使用非常频繁。同时，也是现场违章和危险因素较多的一个作业项目。导引绳、牵引绳或导线临锚时，其临锚张力不得小于对地距离为5m时的张力，同时应满足对被跨越物距离的要求。

无人机展放初级导引绳　　　　　　导引绳展放安全注意事项

3. 压线滑车操作

刚开始牵引时，余线尚未抽完，导引绳很容易跳槽，因此牵引速度要慢；当牵引系统全部受力后，暂停牵引，通知所有转角及上扬塔位，根据需要装设压线滑车。压线滑车安装图例如图6-18所示。

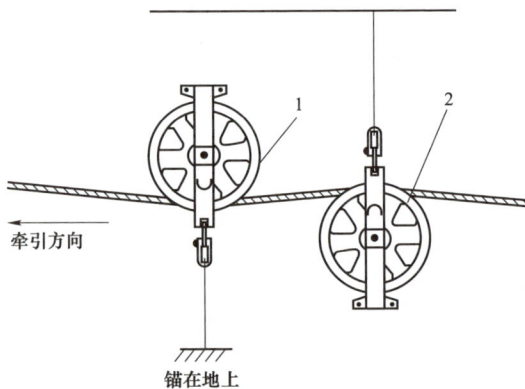

图 6-18　压线滑车安装图例

1—压线滑车（倒挂）；2—放线滑车

4. 转角杆塔放线滑车的预倾措施和导线上扬处的压线措施

因转角塔在线路中形成的转角角度，在转角塔上的放线滑车受到放线拉力时，转角杆塔放线滑车的预倾措施和导线上扬处的压线措施应可靠。以上措施包含两方面的安全技术要求：① 增加滑车的预倾（预偏）措施；② 预先设置导线上扬处的压线措施。转角塔滑车挂设示意图见图6-19。

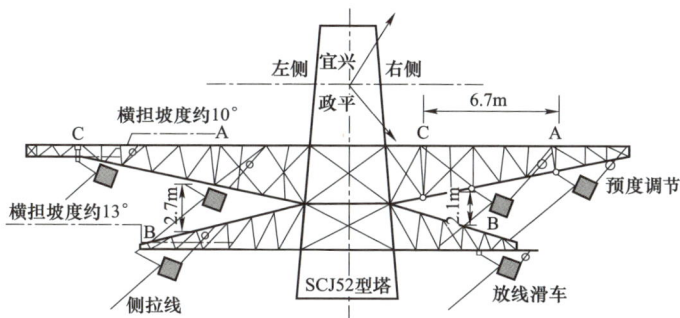

图 6-19　转角塔滑车挂设示意图

🔍 **思 考 题**

1. 判断题：牵引时应先开牵引机，停止牵引作业时应先停张力机。放线过程中应始终保持尾线、尾绳有足够的尾部张力。　　　　　　　　（　　）

答案： 错误

正确答案： 牵引时应先开张力机，停止牵引作业时应先停牵引机。放线过程中应始终保持尾线、尾绳有足够的尾部张力。

2. 判断题：主牵引机接到由任何岗位发出的停车信号时，均应立即同时停止牵引。　　　　　　　　　　　　　　　　　　　　　　　　（　　）

答案： 正确

3. 判断题：导引绳与牵引绳的连接应使用旋转连接器。牵引过程中，抗弯连接器严禁直接进入牵引轮或卷筒口。　　　　　　　　　　　　（　　）

答案： 错误

正确答案： 导引绳与牵引绳的连接应使用旋转连接器。牵引过程中，旋转连接器严禁直接进入牵引轮或卷筒口。

任务 5.3　张力放线

1. 张力机操作步骤

（1）调整大张力机方向，使之对正展放方向。将张力机调平，收紧锚固张力机的手扳葫芦，将张力机固定。

（2）将第一组导线吊上导线盘架，调好盘架高度及方向，使线轴水平并垂直导线出口，装上液压制动器。

（3）将每套两条φ16尼龙绳分别缠绕在张力机全部轮槽内。拆下导线外包装，引出线头。对于大截面导线为防止网套连接器铜环处截面突变硌伤网套、损伤导线，需将铝线分层锯成台阶状，形成 3 层台阶，每层 30mm，用胶布缠绕结实，防止散股。

（4）套入单头网套锁紧，与导线连接的网套连接器尾部用铁丝盘绕绑扎 2 道，每道绑扎不少于 20 圈，两道间距 150mm 左右，其连接应达到网套连接器的强度要求，然后用绝缘胶布缠绕铁线头及网套。

（5）将尼龙绳头分别与导线头连接好，慢速启动张力机，用人力拉尼龙绳，将导线绕过张力轮并拉出张力机 4～5m，导线头拉出长度尽量一致。

（6）两个锁紧的网套钢绳头分别用旋转连接器连接在牵引板钢绳上，并用旋转连接器将牵引板与牵引绳相连，牵引板采用旋转连接器与牵引绳相连，注意牵引板的正反方向及平衡锤方向。

张力场操作安全
注意事项

（7）待牵引板与牵引绳连接好后，启动张力机倒车收紧导线及牵引绳，拆除牵引绳卡线器。

（8）通过张力机调节各子导线的张力，使牵引板处于水平状态，调节牵引速度，使三个张力机保持基本同步。

（9）展放前，每根子导线装上铝质保安接地滑车。

2. 大牵引机操作步骤

（1）调整大牵引机方向，使之对正牵引方向。

（2）将牵引机调平，收紧锚固牵引机手扳葫芦固定牵引机。

（3）将牵引绳引入卷扬轮，入轮方向由内向外，在卷扬轮上缠满后，将绳固定于绳盘上，启动牵引机收紧余绳。

牵引场操作安全
注意事项

（4）绳盘轴应与牵引绳出口方向垂直，机前牵引绳上装好保安接地滑车。

3. 牵引机和张力机操作要求

（1）操作人员应严格依照使用说明书要求进行各项功能操作，禁止超速、超载、超温、超压或带故障运行。

（2）使用前应对设备的布置、锚固、接地装置以及机械系统进行全面的检查，并做运转试验。

（3）牵引机、张力机进出口与邻塔悬挂点的高差及与线

牵引机和张力机

路中心线的夹角应满足设备的技术要求。

（4）牵引机牵引卷筒槽底直径不得小于被牵引钢丝绳直径的25倍。

（5）对于使用频率较高的钢丝绳卷筒，应定期检查槽底磨损状态，及时维修。

4. 放线操作

（1）导线展放顺序：单回路线路宜优先展放中相导线，中相导线展放完成后展放边相导线；双回路宜优先展放上相导线，上相导线展放完成后，按顺序展放中相、下相导线。

张力放线操作
安全注意事项

（2）按项目部给出的布线图布置导线线轴及牵放次序。每相放完线后，先在牵引端锚线或挂线，张力场利用张力机反牵收余线进行预紧线，然后再进行张力场断线和锚线，以减少弛度观测时的紧线难度，并节省导线。

（3）张力放线的现场指挥位置设在张力场。全现场按现场指挥的统一指令作业，现场指挥按各岗位的情况，汇总并判断后发出作业指令。

（4）开始牵放时应慢速牵引，在慢速牵引过程中，施工段沿线均应仔细检查有无异常现象。调整放线张力，使牵引板呈水平状态。待牵引绳、导线全部架空后，方可逐步加快牵引速度。

（5）牵引时应先开张力机，待张力机刹车打开后，再启动牵引机；停止牵引作业时应先减速，后停止牵引机，再停张力机。放线过程中应始终保持尾线、尾绳有足够的尾部张力。按张力机特性选择张力调整方式。张力应缓慢升高，避免牵引绳、导线产生大幅度波动。牵引机接到由任何岗位发出的停车信号时，均应立即停止牵引；任何情况下，张力机应按现场指挥的指令操作。

（6）放线张力升高到一定程度时，暂停牵引，安装上扬塔号的压线滑车。上扬终结，及时拆除压线滑车。

（7）并列使用两台或多台张力机同步展放导线时，应先调整一台张力机的控制张力并基本保持不变，其余张力机随时随其调整张力。

（8）角度较大的转角塔放线滑车应采取预倾斜措施，并随时调整预倾斜程度，使导引绳、牵引绳、导线的作用力方向基本垂直于滑车轮轴。预倾斜方法一般是从滑车侧架下端将滑车向上吊起一段高度，见图6-20。

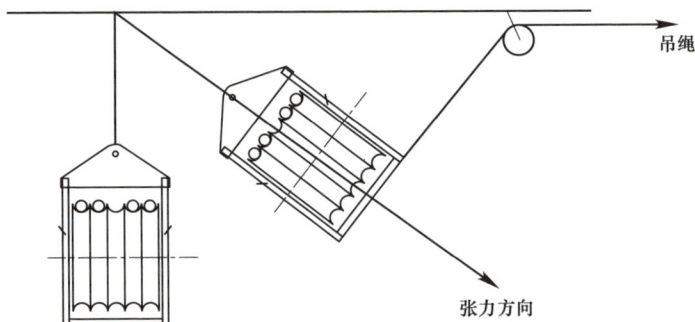

图 6-20　转角塔放线滑车的预倾斜

（9）牵放过程中，应随时调整各子导线的张力机出口张力，使牵引板保持水平，平衡锤保持垂直（牵引板靠近转角塔放线滑车时，牵引板平面与滑车轮轴方向基本平行）：

1）通过直线放线滑车时，适当降低牵引速度，通过转角放线滑车时，牵引速度应控制在 15m/min 之内，并应注意按转角滑车监视人员的要求调整子导线张力和牵引速度。

2）牵引板通过转角滑车后，应检查牵引板是否翻转、平衡锤位置是否正确，如有异常情况，应及时将其恢复至正确位置。

（10）在牵放过程中有下列情况应减速牵引，并准备随时停车：

1）牵引板过转角塔或直线转角塔及上扬塔时。

2）牵引板过跨越架时。

3）牵引机的牵引力突然增高时。

（11）张力机换线轴或联系中断必须停止牵引，查明原因后开始牵引。张力放线系统布置示意图见图 6-21。

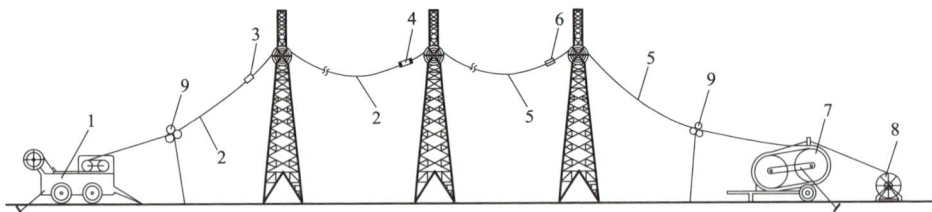

图 6-21　张力放线系统布置示意图

1—牵引机；2—导引绳；3—抗弯连接器；4—旋转连接器；5—牵引绳；6—抗弯连接器；

7—张力机；8—牵引绳盘架；9—接地滑车

（12）在牵引过程中，牵引机、张力机进出口前方不得有人通过。

5. 线轴更换

（1）牵引绳盘的更换。当牵引绳的抗弯连接器过牵引轮时，在牵引绳盘中卷上后停止牵引，同时通知张力机停车，用锚线器在牵引轮后临锚住牵引绳，回松出牵引绳连接处。拆下抗弯连接器，卸下满盘换上空盘，牵引绳头缠固于盘上，回盘收紧牵引绳，拆除锚线器，通知总指挥员准备牵引。

（2）导线盘的更换。一盘导线展放到最后一层时，通知牵引机减速；仅剩 6 圈导线时，停止牵放，用卡线器固于线轴架地锚。原盘倒出余导线，卸下空盘，吊装满盘导线，前后两根导线头分别套入两个单头网套连接器，并用铁丝分别在两端各绑扎两道，网套连接器间使用抗弯连接器连接，使导线为临时整体，线轴架上导线盘回转紧余线。并使线轴架带上尾部张力，然后拆除卡线器。

更换导线盘操作
安全注意事项

1）慢速开启张力机，当网套连接器引出张力轮 10～15m 时停机，将导线临锚于地锚的锚架上，再开启张力机使机前导线松弛落地按《导地线液压作业指导书》进行导线直线接续管压接。

2）压接完毕后，张力机倒车，拆除临锚后通知总指挥员，继续牵放。

3）直线管在张力机前集中压接，压接完后直线管应加保护钢甲，以防直线管过滑车时弯曲变形。导地线展放前，核对导地线布线图，确定压接管位置，展放时当压接管过最后一个滑车后停车，拆除压接管保护钢甲方可继续牵引。

6. 导线临锚

每相导线展放完成时，在牵、张机前将导线临时锚固，锚线后导线距离地面不应小于 5m。临锚绳用钢丝绳，前用卸扣、卡线器与导线相连，后用的卸扣与锚线架相连。每两根导线通过锚线架锚固于地锚上，同相（极）各子导线锚线张力宜稍有差异，并应使子导线空间位置错开；锚线钢丝绳套上胶皮套防止导线磨损，如有多余导线盘出，需放置在彩条布上。

🔍 思考题

1. 单选题：放线准备时，导线连接的网套连接器尾部用铁丝盘绕绑扎 2 道，每道绑扎不少于（　　）圈，两道间距 150mm 左右。

A. 40 B. 30 C. 20 D. 15

答案：C

2. 单选题：张力放线时，牵引机及张力机出线端的牵引绳及导线上应安装（　　）。

A. 接地滑车 B. 放线滑车

C. 转向滑车 D. 压线滑车

答案：A

3. 多选题：放线牵引板经过跨越档两侧铁塔和跨越架时，跨越场应协同牵引场和张力场，调整放线（　　），使其顺利通过放线滑车，并听从跨越场的指挥。

A. 牵引速度 B. 牵引角度

C. 牵引张力 D. 牵引板姿态

答案：ACD

4. 单选题：一盘导线展放到最后一层时，通知牵引机减速；仅剩（　　）导线时，停止牵放。

A. 3 圈 B. 4 圈 C. 5 圈 D. 6 圈

答案：D

5. 单选题：每相导线展放完成时，在牵、张机前将导线临时锚固，锚线后导线距离地面不应小于（　　）m。

A. 2 B. 3 C. 4 D. 5

答案：D

|项目六　紧　线　施　工|

任务 6.1　紧线前准备

1. 紧线方式

张力放线结束后应尽快紧线。放线段跨多个耐张塔时，应对各耐张段分别紧线。紧线操作塔和锚固塔可选择放线段两端的直线塔或耐张塔，或中间的耐张塔。主要采取的方法有单侧耐张塔紧线、中间耐张塔两侧紧线、直线塔紧线等，也有地面紧线或空中紧线。单侧耐张塔紧线应设置反向拉线，中间耐张塔紧线采用平衡挂线方式，直线塔紧线应设置过轮临锚。

2. 紧线前准备工作

紧线前施工准备

（1）紧线前应完成如下准备工作：

1）检查各子导线在放线滑车中的位置，消除跳槽现象。

2）检查子导线是否相互缠绕，如有需分开后再收紧导线。

3）检查接续管位置，如不合适，应处理后再紧线。

4）导线损伤应在紧线前按技术要求处理完毕。

5）现场核对弧垂观测档位置，复测观测档档距，设立观测标志。

6）放线滑车在放线过程中设立的临时接地，紧线时仍应保留，并于紧线前检查是否仍接地良好。

7）同步展放的导线紧线时，应将直线塔同极两组或多组放线滑车调成等高，并采取消除滑车间"迈步"的措施。

8）放线滑车采取高挂时，应向下移挂至正常悬挂高度。

导线、牵引绳临时锚固要点

9）检查直线接续管保护套是否拆除。

10）若放线过程中安装了分线器，应予以拆除。

（2）同相子导线收紧次序工艺规定：

1）宜对称收紧同一个放线滑车中的各子导线。

2）宜先收紧弧垂较小的子导线。

3）宜先收紧在线档中间搭在其他子导线之上的子导线。

4）宜先收紧位于上风口的子导线。

5）同相子导线应同时收紧，且收紧速度不宜过快。

紧线施工安全注意事项

（3）紧线过程中，牵引地锚的距离与锚固布置的要求。临时地锚属于受力工器具，牵引地锚的设置有专门的安全技术要求。牵引地锚距紧线杆塔的水平距离应满足安全施工要求。地锚布置与受力方向一致，并埋设可靠。

（4）冬季紧线施工前，应清除作业面上的覆冰。

（5）紧线过程中，监护人员应注意：① 不得站在悬空导地线的垂直下方；② 不得跨越将离地面的导线或地线；③ 监视行人不得靠近牵引中的导线或地线；④ 传递信号应及时、清晰，不得擅自离岗。

思 考 题

1. 多选题：紧线前应完成下列工作，正确的是（　　　）。

A. 检查各子导线在放线滑车中的位置，消除跳槽现象

B. 检查各子导线不应相互缠绕，当有相互缠绕情况时，应先收紧导线再将各子导线分离后再收紧导线

C. 检查接续管位置应合适，当有不合适时，应处理后再紧线

D. 现场核对弧垂观测档，应设立观测标志

答案：ACD

2. 简答题：紧线的准备工作应遵守哪些安全规定？

答案：（1）杆塔的部件应齐全，螺栓应紧固。

（2）紧线杆塔的临时拉线和补强措施以及导地线的临锚应准备完毕。

任务 6.2　弧垂观测与检查

1. 合理选择控制档

以能全面掌握和准确控制紧线段应力状态为条件选择弧垂观测档，选择时兼顾如下各点：

（1）相邻两观测档相距不超过 4 个线档。

（2）选档距较大、悬挂点高差较小的线档作观测档。

（3）选对邻近线档监测范围较大的塔号做测站。

（4）不选邻近转角塔的线档作观测档。

（5）紧线段在 5 档以下时，靠中间选择一档；紧线段在 6～12 档时，靠近两端各选一档；紧线段在 12 档以上时，靠近两端及中间各选一档。观测档宜选择较大档距和悬点高差较小及接近代表档距的线档，观测档应避开转角塔及直线转角塔，直线塔紧线的界档必须是下一施工段的紧线观测档。

（6）紧线观测弧度时，为了防止因松紧方法不正确而造成非观测档弧度超差，因此要求前档紧，后档松的观测方法，即紧线顺序为紧→松→紧→松，同时应保证各子导线松紧方向一致，避免子导线产生误差。

弧垂调整要求

2. 观测方法

导线弧垂的观测和检查，应优先使用等长法（平行四边形

法），其次选用角度法观测和检查弧垂。

（1）当采用等长法观测时，从导线滑车上平面向下量取弛度值即为弛度板位置，弛度板应对角设置。气温变化时，必须用插入法对弛度观测值进行调整。

（2）当采用角度法观测时，分为档端角度法和档内角度法。

3.弧垂调整程序和方法

（1）弧垂观测调整时，温度应在观测档内实测。温度计应挂于通风处，有阳光照射时，温度计宜背向阳光，不宜直射。温度超过 5℃时，应及时调整弧垂观测值。

（2）收紧导地线，调整距紧线场最远的观测档的弧垂，使其合格或略小于要求弧垂；放松导线，调整距紧线场次远的观测档的弧垂，使其合格或略大于要求弧垂；再收紧，使较近的观测档合格，依此类推，直至全部观测档调整完毕。

（3）同相间子导线应同时收紧，弧垂达标后应逐档进行微调。同相子导线用经纬仪统一抄平，并利用测站尽量多检查一些非观测档的子导线弧垂情况。

（4）雾、大风、雷雨等气象条件下，应停止观测弧垂。

（5）连续上（下）山坡时的弧垂，应按设计规定的施工弧垂进行观测，弧垂调整完成后，耐张段内直线塔应同时测量移位值，画印。

弧垂调整发生困难，各观测档不能统一时，应检查观测数据；发生紊乱时，应放松导线，暂停一段时间后重新调整。

4.弧垂质量检查

（1）紧线弧垂在挂线后应随即在该观测档进行检查，并符合设计要求。

（2）架线后应测量导线对被跨越物的净空距离，计入导线蠕变伸长换算到最大弧垂时必须满足安全要求。

（3）弧垂工艺要求及允许误差。

1）导地线弧垂偏差：110kV 线路紧线弧垂在挂线后允许偏差为不大于 +5%、−2.5%；220kV 及以上线路紧线弧垂在挂线后允许偏差为不大于 ±2.5%；跨越通航河流的大跨越档弧垂允许偏差为不大于 ±1%，其正偏差为不大于 1m。

2）各相（极）导线间及水平排列的同型号地线间的相对偏差：档距不大于 800m，110kV 线路相（极）间弧垂允许偏差值不大于 200mm，220kV 及以上线路相（极）间弧垂允许偏差值不大于 300mm；档距大于 800m，110kV 及以上线路相（极）间弧垂允许偏差值不大于 500mm。

3）同相（极）子导线的弧垂应一致，其相对偏差：不安装间隔棒的垂直双分裂导线，同相（极）子导线间的弧垂的正偏差不得大于 100mm；安装间隔棒的其他形式分裂导线同相（极）子导线的弧垂允许偏差，220kV 及以下的正偏差不得大于 80mm，330kV 及以上的正偏差不得大于 50mm。

🔍 思考题

1. 判断题：应选邻近转角塔的线档作观测档。 （ ）

答案：错误。

正确答案：不宜选用邻近转角塔的线档作观测档。

2. 判断题：张力放线选择控制档选档距较大、悬挂点高差较小的线档作观测档。 （ ）

答案：正确。

任务 6.3　紧线施工

1. 绝缘子串地面组装与安装

耐张绝缘子串采用地面整体组装，布置起重滑轮组垂直整体吊装工艺，如图 6-22 所示。

耐张串吊装安全注意事项

对于在厂家喷涂过 PRTV 防污闪涂料的绝缘子，采取边吊装边接续耐张绝缘子串的安装方式，严禁在吊装过程中与地面硬物接触。

布置耐张绝缘子串起重滑轮组时，应避免铁塔横担出现双倍起吊工况。

耐张绝缘子串地面组装时，应采取防磨铺垫措施和串间支撑防碰撞措施。

按照施工方案选择起重滑轮组型式。

将高空紧线收紧机具，同步安装在各子导线调整挂板边孔上，并与耐张绝缘子串同时升空。

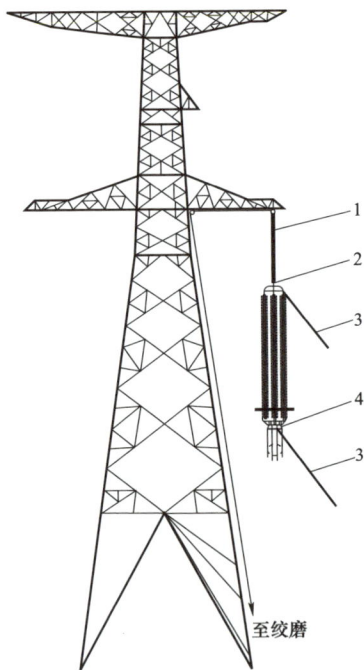

至绞磨

图 6-22　耐张绝缘子串
悬挂示意图

1—起吊滑轮组；2—起吊挂具；
3—控制绳；4—金具串

2. 耐张转角塔平衡拉线设置

紧线操作的耐张转角塔横担不能承受不平衡张力，必须在另侧装设反向临时拉线，以平衡耐张转角塔横担受力，反向拉线规格、数量及组成严格按照施工方案布置。耐张塔平衡拉线设置示意图如图 6-23 所示，操作要点如下：

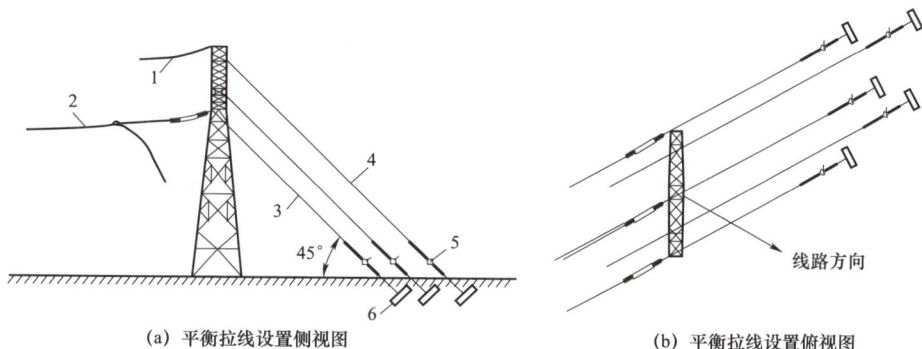

(a) 平衡拉线设置侧视图　　　　　　(b) 平衡拉线设置俯视图

图 6-23　耐张塔平衡拉线设置示意图

1—地线；2—导线；3—导线平衡拉线；4—地线平衡拉线；5—手扳葫芦；6—拉线地锚

（1）耐张塔平衡拉线应设置在其受力方向的反方向上，对地夹角应符合施工方案要求。

（2）耐张塔平衡拉线设置方向、对地夹角条件等不满足要求时，应需经过项目部技术人员确认。

（3）耐张塔平衡拉线应用链条葫芦设置收紧装置。当由多根绳索组合成耐张塔平衡拉线时，应设置各绳索间的平衡装置。

平衡挂线安全控制要点

（4）在耐张塔单侧紧线施工操作时，应对耐张塔纵、横向倾斜进行监测，并据需要调控平衡拉线。

（5）当耐张塔平衡拉线地锚埋设位置处于不良地质条件，或耐张塔单侧锚线受力状态下需经历特殊气象条件或较长时间时，应设置半永久拉线。

（6）耐张塔平衡拉线应设置在紧线侧挂线点附近的施工孔上。

（7）平衡拉线设置的位置应不影响耐张塔拉线侧的后续放、紧线施工操作。

平衡拉线设置检查要点

3. 导线升空及耐张绝缘子串空中对接

耐张塔地面锚线时导线升空及耐张绝缘子串对接示意图如图 6-24 所示，操作步骤如下：

（1）当操作耐张塔另一侧还未挂线时，应首先设置耐张塔平衡拉线。

（2）耐张塔悬挂耐张绝缘子串组装及悬挂。

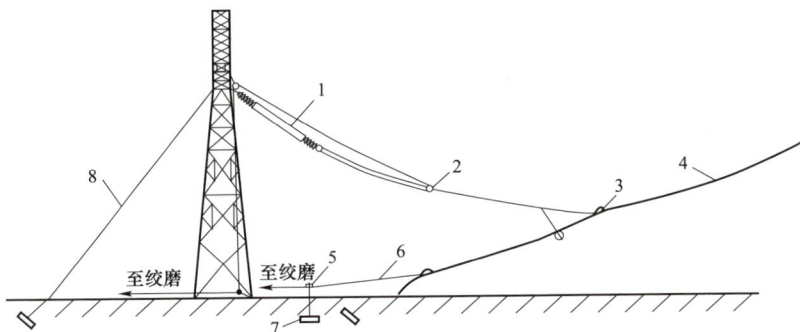

图 6-24 耐张塔地面锚线导线升空及耐张绝缘串对接示意图

1—耐张绝缘子串；2—滑轮组；3—卡线器；4—导线；5—转向滑车；6—松锚绳；7—地锚；8—平衡拉线

（3）在地面本线临锚导线尾端设置卡线器，在耐张绝缘子串前端金具与该卡线器间设置空中对接滑轮组。空中对接滑轮组尾绳通过转向滑车沿横担下平面及塔身至地面牵引绞磨。

（4）收紧空中对接滑轮组，同时配合地面导线松锚，将导线升空并与耐张绝缘子串对接。

（5）当本侧耐张塔施工为软挂时，应直接进行耐张线夹压接并连接至耐张绝缘子串；当本侧耐张塔施工为紧线塔时，则用手扳葫芦锚线装置锚接耐张绝缘子和导线。

（6）卡线器安装位置应不小于铁塔挂点高度的 1.5 倍。

4. 耐张塔高空锚线时耐张绝缘子串空中对接

耐张塔处于高空锚线状态时，耐张绝缘子串空中对接，如图 6-25 所示，操作步骤如下：

（1）地面组装耐张绝缘子串，并安装到横担挂线孔上。

（2）锚线卡线器安装位置距离耐张线夹外 3m 左右，并在该锚线卡线器与耐张绝缘子串子导线间布置空中对接滑轮组。空中对接滑轮组尾绳通过转向滑车沿横担下平面及塔身至地面牵引绞磨。

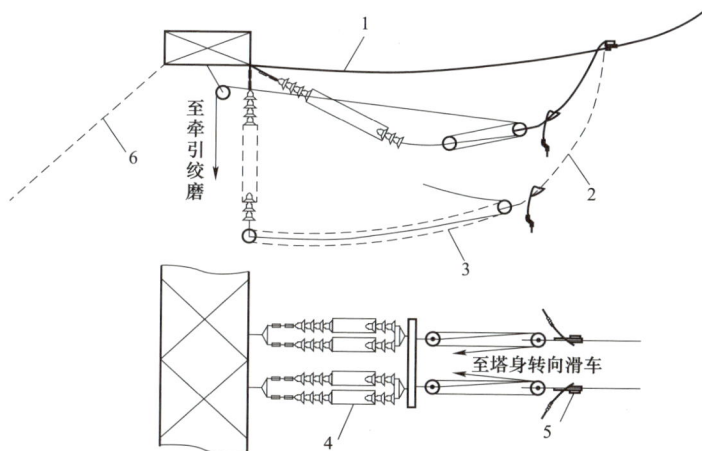

图 6-25　耐张塔高空锚线耐张绝缘子串空中对接示意图

1—锚线绳；2—导线；3—对接滑轮组；4—耐张绝缘子串；5—卡线器；6—平衡拉线

（3）收紧空中对接滑轮组，将导线与耐张绝缘子串对接。

（4）当本侧耐张塔为软挂时，直接进行导线耐张线夹高空压接，并连接至耐张绝缘子金具串；当本侧耐张塔为紧线塔时，则用锚线装置锚接耐张绝缘子金具串和导线。

（5）耐张绝缘子串空中对接施工时，应同时操作至少两根子导线，保证耐张绝缘子和金具串平衡受力。

5. 中间耐张塔软挂耐张绝缘子串

中间耐张塔软挂耐张绝缘子串对接安装布置示意图如图 6-26 所示，操作流程如下：

（1）在耐张塔两侧耐张线夹位置以外约 3m 处的导线上安装卡线器，并在卡线器与横担锚线孔间设置锚线工具。

（2）将操作塔放线滑车预先吊挂在横担上，并在卡线器后侧用尼龙绳将导线拢绑在锚线绳上。

（3）同步收紧耐张塔横担两侧锚线装置，使锚线工具逐渐受力，两侧锚线卡线器间的导线呈松弛状态。

（4）拆除放线滑车。

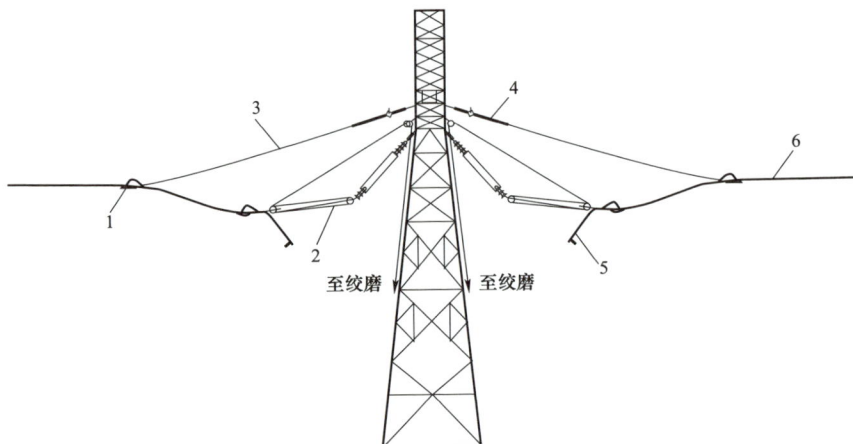

图 6-26 中间耐张塔软挂耐张绝缘子串对接安装布置示意图

1—卡线器；2—挂线滑车组；3—锚线绳；4—手扳葫芦；5—耐张管；6—导线

（5）安装高空作业平台，在两侧耐张线夹位置处割断导线，高空压接导线耐张线夹。

（6）在操作耐张塔两侧平衡对接耐张绝缘子串并挂线，操作同耐张塔高空锚线时耐张绝缘子串空中对接。

（7）拆除空中锚线装置和对接挂线滑轮组。

6. 中间耐张塔紧线

中间耐张塔紧线示意图如图 6-27 所示，操作顺序如下：

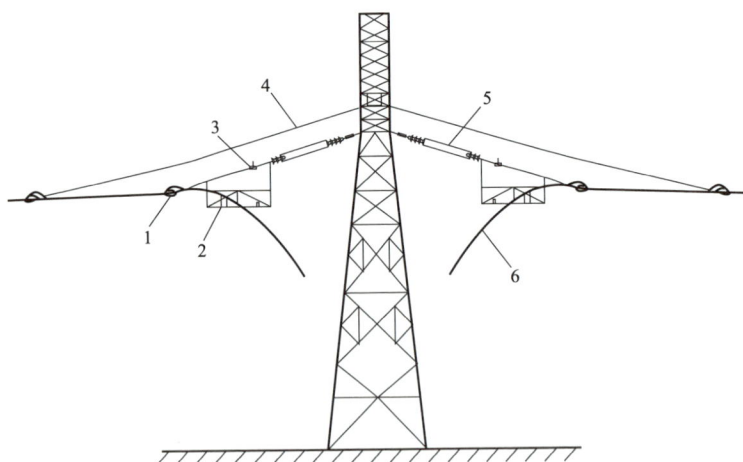

图 6-27 中间耐张塔紧线示意图

1—卡线器；2—压接平台；3—手扳葫芦；4—防跑线锚线绳；5—耐张绝缘子串；6—导线

（1）地面组装并悬挂耐张绝缘子串。

（2）在耐张绝缘子串与导线间设置滑轮组牵引装置，实施平衡对接导线与耐张绝缘子串。

（3）用滑轮组牵引装置紧线实施导线弧垂粗调。当导线弧垂调至接近标准值时，用手扳葫芦锚线装置串接锚线。

（4）对其他各子导线依次进行耐张绝缘子串与导线对接和导线弧垂粗调操作，并用手扳葫芦锚线装置串接锚线。

（5）用手扳葫芦锚线装置对各子导线弧垂统一调节实施导线弧垂细调，并使各观测档弧垂达到标准值。

（6）耐张塔及直线塔逐基画印。耐张塔采用比量法，直线塔采用垂球法。

（7）在耐张塔安装高空作业平台，依据所画印记断线并高空压接耐张线夹。

（8）在耐张绝缘子串与导线平衡对接及紧线操作过程中，应同时对耐张绝缘串采取如下防扭措施：

1）采用两套对接牵引滑轮组装置，使耐张绝缘子串同时与左右对称的两根子导线进行平衡对接，并保证两套对接牵引系统同步牵引。

2）在耐张绝缘子串金具上，设置 V 形平衡钢丝绳套，与平衡对接牵引系统连接。

7. 过轮临锚

直线塔作紧线操作塔时，在紧线完成后，对该直线塔做本线临锚、过轮临锚和反向临锚。紧线完成即需进行本线临锚，过轮临锚应在画印后进行，反向临锚则在紧线操作塔相邻的前一基直线塔安装完直线悬垂线夹后进行安装。直线塔临锚布置示意图见图 6-28。

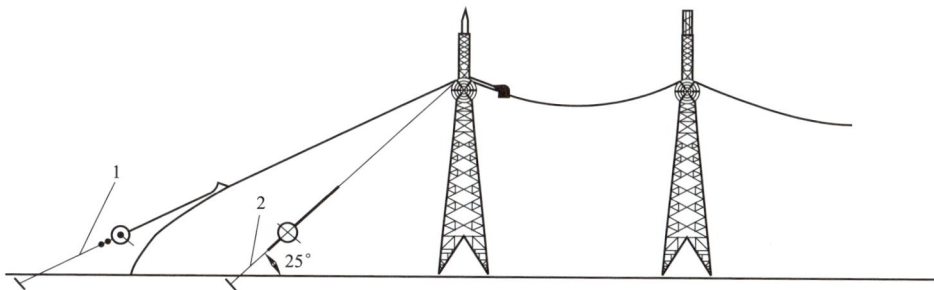

图 6-28 直线塔临锚布置示意图

1—本线锚线：卡线器＋链条葫芦＋钢丝绳＋卸扣＋地锚；

2—过轮临锚：卡线器＋卸扣＋钢丝绳＋链条葫芦＋卸扣＋地锚

（1）本线临锚。紧线后，在紧线场将各子导线（或地线）分别锚在地锚上，称作本线临锚，导线（或地线）锚线后拆除紧线工具。

（2）过轮临锚。在紧线操作塔上对子导线做过轮临锚。过轮临锚打法示意图见图6-29。过轮临锚与本线临锚的锚线工具应相互独立。

（3）临锚锚线作业应注意如下问题：

1）锚线时不应使紧线操作塔上的印记位置移动过多。

2）锚线方向应基本符合线路方向。

3）锚线布置应便于松锚作业。

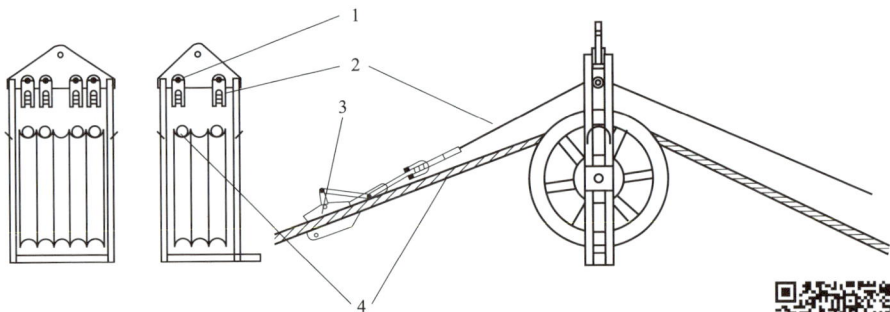

图6-29 过轮临锚打法示意图

1—直角挂板；2—锚线钢绳；3—卡线器；4—导线

过轮临锚操作

8. 直线松锚升空

直线松锚升空操作施工布置示意图如图6-30所示。

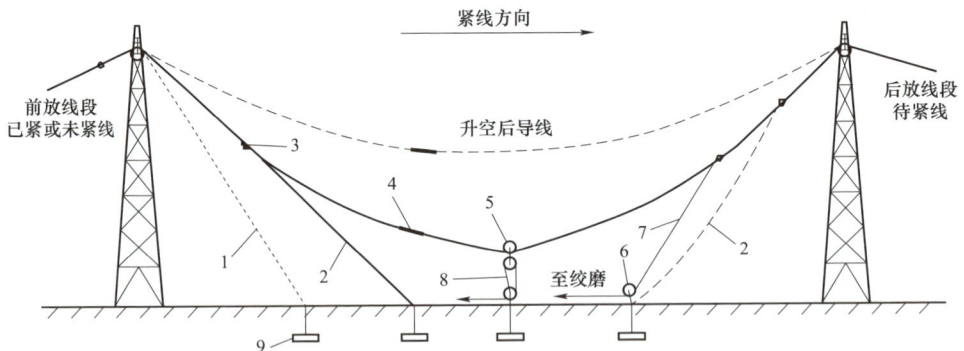

图6-30 直线松锚升空操作施工布置示意图

1—过轮临锚；2—本线临锚；3—卡线器；4—压接管；5—压线滑车；6—转向滑车；

7—松锚绳；8—压线滑轮组；9—地锚

（1）相邻放线区段导地线连接升空条件。

1）在升空档耐张段上一放线区段部分档已经完成紧线操作时，锚线塔应设置导线过轮临锚装置。

2）上一放线区段除锚线塔外，其他铁塔上的导线均应完成线夹安装。

3）距锚线塔最近的两基塔之间应安装间隔棒。

4）线档松锚升空操作应符合下列规定：① 在线档松锚升空前，过轮临锚装置应处于锚线受力状态；② 选择能够避免发驮线问题的各子导线松锚顺序，同一放线滑车内各子导线应由外向内对称松锚；③ 核对确认升空档两侧待压接的各子导线线号；④ 松锚升空档内尽量减少多余导线；⑤ 应使用专用压线滑车作为压线升空工具；⑥ 在线档松锚升空操作过程中，后放线段应配合收紧导线，以满足导线松锚升空需要，并保证施工段内各档导线对地及被跨物间不小于规定的安全距离。

（2）直线松锚升空操作。

1）压接导线接续管。

2）在升空档后，放线侧导线本线临锚卡线器附近安装松锚卡线器及松锚滑车组。

3）收紧升空档后放线侧松锚滑车组，直至导线本线临锚绳不再受力时，拆除导线本线临锚装置。

4）放松升空档后放线侧松锚滑车组，在导线离开地面后，安装压线滑轮组装置。

5）继续放松松锚滑车组，使导线上扬力从松锚装置逐渐过渡到压线装置上，待松锚滑车组不再受力时将其拆除。

6）收紧后放线侧导线，当先放线侧导线本线临锚绳不再受力时，拆除本线临锚装置。

7）松出压线装置滑轮组，直至不再受力，拆除压线滑车及滑轮组。

（3）分界线档松锚耐张段紧线。

1）当分界线档松锚耐张段的上一放线区段部分线档已完成紧线操作，再对剩余部分线档进行紧线操作时，不应造成已紧线段的导线弧垂、相间弧垂差及同相子导线间弧垂差发生变化。

2）在进行分界线档松锚升空操作的同时，紧线操作端同时配合收紧导线操作，保持紧线段内各档导地线始终处于架空状态。

3）当本紧线段中邻近上一紧线段的观测档的弧垂接近标准值时，即可拆除过轮临锚装置。

4）耐张段紧线后，应保证过轮锚线塔悬垂绝缘子串倾斜度符合验收标准。

5）当前后放线段间隔时间较长时，不采取分两次紧线方式。

6）对于连续上下山耐张段不采取分两次紧线方式。当必须采取两次紧线时，应按实际分段情况重新计算相关紧线及附件参数。

直线松锚升空

9. 导地线升空

导地线升空作业过程应默契配合，班组长的站位应能看到作业现场每个角落和危险情况，指挥过程应干净利落。注意事项如下：① 导地线升空作业应与紧线作业密切配合并逐根进行，导地线的线弯内角侧不得有人；② 升空作业应使用压线装置，禁止直接用人力压线；③ 压线滑车应设控制绳，压线钢丝绳回松应缓慢；④ 升空场地在山沟时，升空的钢丝绳应有足够长度。导线升空作业示意图见图6-31。

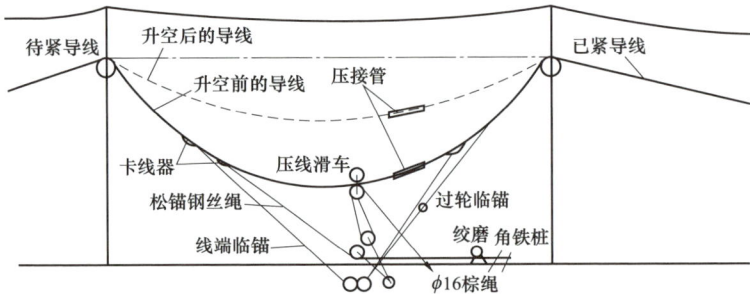

图6-31 导线升空作业示意图

10. 直线塔紧线

紧线操作塔为直线塔的紧线称为直线塔紧线（见图6-32），其施工方法如下：

（1）先用紧线滑轮组分别对各子导线弧垂进行粗调，在导线弧垂基本达标准值时，再用手扳葫芦锚线装置对各子导线弧垂统一画印进行细调，直至各观测档导线弧垂达标。

（2）在紧线段内的所有直线塔上进行画印操作。

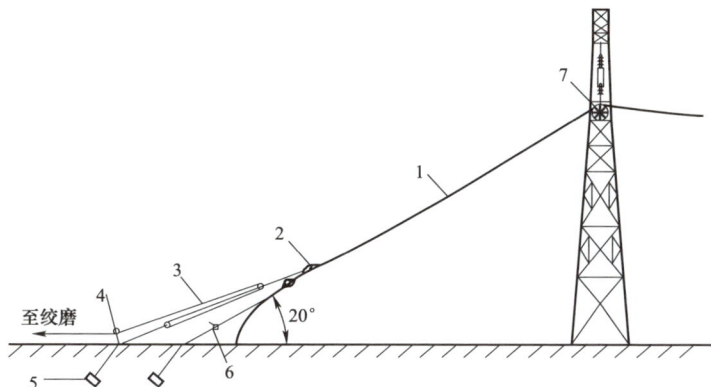

图 6-32　直线塔紧线布置示意图

1—导线；2—卡线器；3—紧线滑轮组；4—转向滑车；5—紧线地锚；6—手扳葫芦；7—导线滑车

（3）紧线后保留可调锚线工具，作为各子导线本线临锚。

（4）设置过轮锚线。

11. 安全要点

（1）为了安全顺利地进行展放余线作业，在展放余线的人员不得站在线圈内或线弯的内角侧。这一规定是在考虑展放余线时，由于作业人员站在线圈内或线弯的内角侧，由于导地线迅速弹出或断开时，造成人身伤害事故的发生。

直线塔紧线操作

（2）高处断线通常是指对已经报废线路拆除断线或新建线路工程放线施工中多余的导线进行断线作业两种情况。在高处断线的操作中，施工高处断线时，作业人员不得站在放线滑车上操作。割断最后一根导线时，应注意防止滑车失稳晃动。

（3）紧断线平移导线挂线前，施工作业层班组负责人负责交底，并组织作业人员按照施工方案要求打好拉线，施工作业层班组安全员对拉线打拉情况把关。紧断线平移导线挂线中施工作业层班组负责人应指挥作业人员交替进行平移子导线，以免造成杆塔单侧受力失稳。平移子导线作业过程中，施工作业层班组负责人对作业全程进行把关，施工作业层班组安全员对作业全程进行监护。

🔍 思考题

1. 简答题：简述耐张转角塔平衡拉线是如何设置的。

答案：（1）耐张塔平衡拉线应设置在其受力方向的反方向上，对地夹角应符合施工方案要求。

（2）当耐张塔平衡拉线设置方向、对地夹角条件等不满足要求时，需经过项目部技术人员确认。

（3）耐张塔平衡拉线应用链条葫芦设置收紧装置。当由多根绳索组合成耐张塔平衡拉线时，应设置各绳索间的平衡装置。

导地线画印

（4）在耐张塔单侧紧线施工操作时，应对耐张塔纵、横向倾斜进行监测，并根据需要调控平衡拉线。

（5）当耐张塔平衡拉线地锚埋设位置处于不良地质条件或耐张塔单侧锚线受力状态下需经历特殊气象条件或较长时间时，应设置半永久拉线。

（6）耐张塔平衡拉线应设置在紧线侧挂线点附近的施工孔上。

（7）平衡拉线设置的位置应不影响耐张塔拉线侧的后续放、紧线施工操作。

2. 简答题：导地线升空作业应遵守哪些规定？

答案：（1）应与紧线作业密切配合并逐根进行。

（2）升空场地在山沟时，升空的钢丝绳应有足够长度。

（3）压线滑车应设控制绳。

3. 单选题：当紧线应力达到标准后，保持紧线应力不变，在本段内所有直线铁塔上（　　）画印。

A. 顺序　　　　　　B. 同时　　　　　　C. 跳跃　　　　　　D. 观测档

答案：B

|项目七　压　接　施　工|

任务7.1　导地线压接

1. 液压设备及压接准备

（1）对所使用的导地线的结构及规格进行认真的检查，其规格应与工程设计相符，并符合国家标准的各项规定。

（2）所使用的各种接续管及耐张线夹，应用精度不低于 0.02mm 的游标卡尺测量受压部分的内外径，其各部位尺寸应符合设计要求。

（3）在使用液压设备之前，应检查其完好程度，以保证正常操作。油压表应定期校核，做到准确可靠。

（4）液压设备及配套工具包括：① 液压机；② 液压钢模、铝模与被液压管型配套；③ 清洗盆、圆毛刷、棉纱；④ 汽油桶（10kg）；⑤ 钢锯弓，锯条；⑥ 钢卷尺、画印笔、游标卡尺；⑦手钳子、小锤、木锤、圆锉、板锉。

在输电线路施工过程中，液压机主要用于压接导地线，见图6-33，液压机应符合下列规定：① 使用前检查液压钳体与顶盖的接触口，液压钳体有裂纹者不得使用；② 液压机起动后先空载运行，检查各部位运行情况，正常后方可使用，压接钳活塞起落时，人体不得位于压接钳上方；③ 放入顶盖时，应使顶盖与钳体完全吻合，不得在未旋转到位的状态下压接；④ 液压泵操作人员应与压接钳操作人员密切配合，并注意压力指示，不得过荷载；⑤ 液压泵的安全溢流阀不得随意调整，且不得用溢流阀卸荷。

图6-33　液压机压接导线

（5）对使用的各种接续管及耐张线夹，应用汽油清洗管内壁的油垢，并清除影响穿管的锌疤与焊渣，短期不使用时，清洗后应将管口临时封堵，并以塑料袋封装。

（6）镀锌钢绞线的液压部分穿管前应以棉纱擦去泥土，如有油垢应以汽油清洗，清洗长度不应小于穿管长度的1.5倍。

（7）钢芯铝绞线在穿管前，应以汽油清洗其表面油垢，清洗的长度对先套入铝管端应不短于铝管套入部位，对另一端应不短于半管长的1.5倍。

（8）钢芯铝绞线在压接铝管前，均应在外层铝线上涂电力脂。

2. 液压操作要点

（1）画印。耐张线夹钢锚环与铝管引流板的连接方向调整至规定的位置，且二者的中心线在同一平面内。当接续管钢芯使用对穿管时，应在线上画出1/2管长的印记，穿管后确保印记与管口吻合。

（2）割线。割线印记准确，断口整齐，不得伤及钢芯及不需切割的铝股，切割处应做好防松股措施。

（3）穿管。导地线与压接金具在穿管时，应设置合适的压接预留长度，以补偿压接后的伸长量。钢芯在穿钢锚时，应确保钢芯穿到位。钢锚凸凹部位与铝管重合部分定位标记应准确。Ⅰ型耐张管穿管时，钢绞线端部露出管口 5mm，Ⅱ型耐张线夹穿管时，应确保钢绞线触到钢锚底端。导线接续管钢芯使用搭接管时，钢芯两端分别伸出钢管端面 12mm，地线搭接穿管时，钢芯两端分别伸出钢管端面 5mm，铝包钢绞线钢管压接完成后，在铝管压接前将两侧铝衬管安装到位，铝衬管端头与铝管端头接近平齐不大于 5mm。

（4）压接。压接过程中，压接钳的缸体应垂直、平稳放置，两侧管线处于平直状态，钢管相邻两模重叠压接应不少于 5mm，铝管相邻两模重叠压接不应少于 10mm。液压机压力值应达到设计规定并维持 3～5s。压后耐张线夹棱角顺直，有明显弯曲变形时应校直，校直后的压接管如有裂纹应切断重接。铝包钢绞线耐张线夹钢管压接完成后，在铝管压接前将铝衬管安装到位，铝衬管端头与铝管端头接近平齐，衬管超出铝管不大于 5mm。

（5）压后处理。耐张线夹、引流板压接后，应去除飞边、毛刺，钢管压接部位，皆涂以富锌漆，对清除钢芯上防腐剂的钢管，压后应将管口及裸露钢芯涂以富锌漆，以防生锈，铝压接管应锉成圆弧状，并用 0 号以下细砂纸磨光。压接完成检查合格后，在铝管的不压区打上操作人员、监理人员的钢印。

3. 高空压接要点

在高空进行导地线压接作业时，存在物体打击、机械伤害、高处坠落等伤害事故，应注意：① 压接前应检查起吊液压机的绳索和起吊滑轮完好，位置设置合理，方便操作；② 液压机升空后应做好悬吊措施，起吊绳索作为二道保险；③ 高空人员压接工器具及材料应做好防坠落措施；④ 导线应有防跑线措施。

任务 7.2 压接质量控制

1. 导地线压接质量检查要点

（1）导地线压接作业前，压接管应用汽油、酒精等清洗剂清洗压接管和线夹内壁，清洗后短期不使用时，应将管口临时封堵并包装，并使用精度不低于 0.02mm 的游标卡尺检测导地线直径，接续管及耐张线夹内、外直径，使用精度不低于 1mm 的钢卷尺或钢直尺测量各部件长度，不合格者严禁使用。

（2）导线的连接部分不得有线股绞制不良、断股、缺股等缺陷。压接后管口附近不得有明显的松股现象。

（3）铝件的电气接触面应平整、光洁，不允许有毛刺或超过板厚极限偏差的碰伤、划伤、凹坑及压痕等缺陷。

（4）施工操作人员必须经过培训并持有压接操作许可证，作业过程中应有专业人员见证并及时记录原始数据。

（5）割线印记准确，断口整齐，不得伤及钢芯及不需切割的铝股，切割处应做好防松股措施。

（6）穿管前，耐张管、引流板、接续管应用汽油或酒精清洁干净，导线连接部分外层铝股在擦洗后应均匀地涂上一层电力复合脂，并用细钢丝刷清表面氧化膜，保留电力复合脂进行连接。

（7）钢锚环与耐张线夹铝管引流板的连接方向调整至规定的位置，且二者的中心线在同一平面内。

（8）当接续管钢芯使用对穿管时，应在线上面出 1/2 管长的印记，穿管后确保印记与管口吻合。接续管钢芯使用搭接管时，钢芯两端分别伸出钢管端面10mm。

（9）导地线与压接金具、铝包钢绞线与压接金具在穿管时应设置合适的压接预留长度，以补偿压接后的伸长量。钢芯或铝包钢绞线在穿钢锚时，应确保钢芯或铝包钢绞线触到钢锚底端。钢锚凸凹部位与铝管重合部分定位标记应准确。

（10）压接过程中，压接钳的缸体应垂直、平稳放置，两侧管线处于平直状态，钢管相邻两模重叠压接应不少于 5mm，铝管相邻两模重叠压接不应少于10mm，液压机压力值应达到设计规定。压后耐张管棱角顺直，不应扭曲变形，其弯曲变形应小于耐张管长度的 2%，否则应校直，校直后不应出现裂纹，钢管压后应进行防腐处理。

（11）耐张管、引流板、接续管压接后，应去除飞边、毛刺，钢管压接部位；对清除钢芯上防腐剂的钢管，压后应将管口及裸露于铝线外的钢芯上都涂以富锌漆，以防生锈；铝压接管应锉成圆弧状，并用 0 号以下细砂纸磨光。用精度不低于 0.02mm 且检定合格的游标卡尺测量压后尺寸。

（12）补修管不允许有毛刺或硬伤等缺陷，其长度应能包裹导线损伤的面积。补修管中心应位于损伤最严重处，补修管的两端应超出损伤部位20mm 以上。

（13）按照"三跨"段内耐张线夹总数量10%的比例开展 X 射线无损检测。

2. 导地线压接质量控制

（1）各种压接管压后对边距尺寸 S 的最大允许值计算公式为

$$S = 0.86D + 0.2$$

式中　D——压接管标称外径，mm。

（2）三个对边距只应有一个达到允许最大值，超过此规定时更换模具重压。

（3）钢管压接后钢芯应露出钢管端部 3～5mm。

（4）凹槽处压接完成后，应采用钢锚比对等方法校核钢槽的凹槽部位是否全部被铝管压住，必要时拍照存档。

（5）压接后铝管不应有明显弯曲，弯曲度超过 2% 应校正，无法校正割断重新压接。

（6）各种压接管施压后压接操作人员应认真检查压接尺寸并记录，自检合格并经监理人员验证后，双方在铝管的不压区指定部位打上钢印。

🔍 思 考 题

1. 单选题：施压时钢模相邻两模间至少应重叠（　　），铝模相邻两模间至少应重叠（　　）。

A．5mm；5mm
B．5mm；10mm
C．10mm；5mm
D．10mm；10mm

答案：B

2. 简答题：简述使用液压机压接作业时的正确做法。

答案：（1）放入顶盖时，应使顶盖与钳体完全吻合。

（2）压接钳活塞起落时，人体不得位于压接钳上方。

（3）液压泵操作人员应与压接钳操作人员密切配合。

3. 判断题：对接式接续管钢管压接操作顺序，将第一模的压接模具中心与接续管钢管中心重合，分别依次向管口端施压。　　　　　　（　　）

答案：正确

4. 计算题：某直线接续管型号 JYD－500/45，钢管外径 24mm，铝管外径 52mm，计算压接管压后对边距不允许超过多少？

答案：钢管压后对边距不允许超过 20.84mm。

铝管压后对边距不允许超过 44.92mm。

导地线压接

高空压接要求

💭 多学一点——大截面导线压接质量控制要点

（1）应选邻近转角塔的线档作观测档。大截面导线由多根硬铝线和镀锌钢线组成，以多根镀锌钢线为芯，外部同芯螺旋绞四层硬铝线，铝导体标称截面积不小于800mm²。

（2）导线液压部位在断线前应调直，并在距切断点20mm处加装防止导线散股的卡箍，切割面应与轴线垂直。

（3）大截面导线耐张管压接宜采用倒压法，即从耐张线夹铝管的拔梢端开始。接续管压接宜采用顺压法，即第一段从直线接续管铝管的管口开始连续施压至压接定位印记；第二段从压接定位印记开始连续施压至另一侧管口。

（4）大截面导线压接其他压接工艺控制同 Q/GDW 10571—2018《大截面导线压接工艺导则》中导地线压接。

［出自《大截面导线压接工艺导则》（Q/GDW 10571—2018）］

｜项 目 八　附 件 安 装｜

任务 8.1　耐张塔附件安装

1. 耐张转角塔（紧线塔）画印方法

采用以耐张段为单位紧线方式，在耐张段一侧软挂操作，另一侧紧线操作。当耐张段弧垂达到设计标准时，即可进行画印操作。

耐张塔画印采用比量画印法，即在紧线操作时，将耐张绝缘子串、耐张金具通过通用锚线工具串接在紧线耐张段内导线和耐张塔挂线点之间，并在此状态下，调整导线弧垂。当耐张段弧垂达标后，拉紧导线尾部至耐张线夹钢锚位置，在相应位置画印。

2. 耐张塔挂线

紧线后，在耐张塔上进行割线、安装耐张线夹、连接耐张绝缘子金具串和防振锤等作业，称为耐张塔附件安装。

安装作业程序如下：

（1）装设空中操作平台。空中操作平台是一种轻便的有围栏的长方形平台，通常用多点悬挂在空中临锚绳上，为在空中进行耐张线夹压接等作业提供工作面。

（2）确认导线上所画印记，断线时计入耐张线夹压接所需扣除的长度。

（3）压接耐张线夹。

（4）将压好的耐张线夹连接耐张串。

（5）卸下空中操作平台，拆除锚线工具。

（6）安装其他附件。

耐张塔挂线施工时，耐张段长度小于 1500m 时，导地线过牵引不宜超过 200mm；大于 1500m 时，过牵引不宜超过 300mm。过牵引时，导地线的安全系数不得小于 2。

3. 安全要点

（1）安全绳或速差自控器固定要求。线路附件安装作业除地面指挥与配合人员外，都是在高空作业状态中，高空作业最主要的安全个人防护用品就是安全带、二防绳和防坠器，在使用时应保持高挂低用，并将个人安全防护用品固定在牢固的位置。

均压环、屏蔽环
安装注意事项

（2）接地应遵守的规定。附件安装作业过程，存在触电，作业人员高处坠落和工具器材料等高空落物、物体打击等伤害事故，应遵守以下规定：① 附件安装作业区间两端应装设接地线，施工的线路上有高压感应电时，应在作业点两侧加装工作接地线；② 作业人员应在装设个人保安地线后，方可进行附件安装；③ 地线附件安装前，应采取接地措施；④ 附件（包括引流线）全部安装完毕后，应保留部分接地线并做好记录，竣工验收后方可拆除；⑤ 在 330kV 及以上电压等级的运行区域作业，应采取防静电感应措施，如穿戴相应电压等级的全套屏蔽服（包括帽、上衣、裤子、手套、鞋等）或静电感应防护服和导电鞋等（220kV 线路杆塔上作业时宜穿导电鞋）；⑥ 在 ±400kV 及以上电压等级的直流线路单极停电侧进行作业时，应穿着全套屏蔽服。

🔍 **思 考 题**

单选题：耐张塔挂线施工时，耐张段长度小于 1500m 时，导地线过牵引不宜超过（　　）。

A. 150mm　　　　B. 200mm　　　　C. 250mm　　　　D. 300mm

答案：B

任务 8.2　直线塔附件安装

1. 直线塔画印方法

（1）当紧线应力达到标准后，保持紧线应力不变，在本段内所有直线铁塔上同时画印。

（2）非连续上下山地形紧线耐张段直线塔的画印：用垂球将横担挂孔中心投影到任一子导线上，将直角三角板的一个直角边贴紧导线，另一直角边对准投影点，在其他子导线上画印，使诸印记点连成的直线垂直于导线。

（3）连续上下山地形紧线耐张段直线塔的画印：先按照以上步骤所述方法画出导线的挂孔垂直下方印记，作为起算印记，再以此印记为起点，按设计规定的方向量取直线线夹移印距离画印，作为直线线夹的安装印记。

直线塔画印施工示意图见图 6－34。

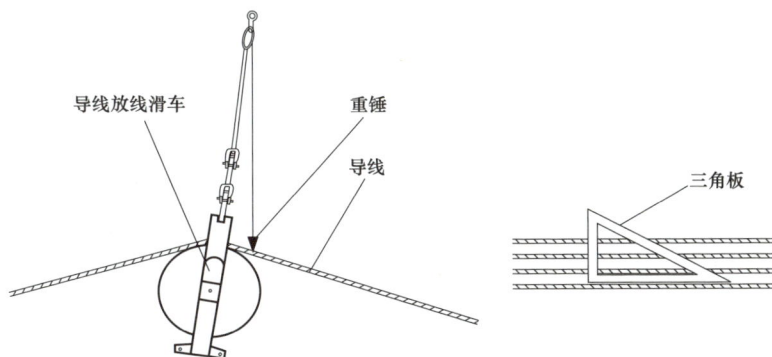

图 6－34　直线塔画印施工示意图

2. 直线转角塔画印方法

直线转角塔悬挂单滑车时，取放线滑车滑轮顶点为画印点，用直角三角板在各子导线上画印。直线转角塔悬挂双滑车时，画印采用横担中心线延伸法：以具有一个长直角边的直角三角板和垂球作画印工具，将短直角边贴紧导线，长直角边对准横担挂孔断面处的横担中心或由横担中心垂下的垂球线，顺长直角边在各子导线上画印。

3. 直线塔悬垂线夹安装

利用铁塔前后侧的施工孔，采用提线器前后对称布置，通过手搬葫芦起吊导线，安装附件。提线时应注意保护导线，待导线提起离开滑槽平面适当位置，拆卸放线滑车。由于放线滑车较重，为防止拆卸过程中伤及导线，线上与地面人员需配合，将放线滑车拆除并放至地面，在拆卸滑车过程中，对滑车周边的导线加装保护胶套，对导线加以保护。

（1）所有直线塔附件安装时必须使用钢丝套和U形环加装二道保护。

（2）提升提线的吊钩应有足够的承托面积。吊钩沿线长方向的承托宽度不得小于导线直径的 2.5 倍，接触导线部分应衬胶，防止导线损伤和结构变化。

（3）卸下放线滑车后，继续搬动链条葫芦，使 6 根导线同时升起，当 3 号和 4 号子导线提至预定高度时，通过搧动 1 号和 6 号、2 号和 5 号子导线提线钢丝绳，使各子导线分开，并呈正六边形布置，安装导线线夹和其他零部件。卸放放线滑车时，应注意防止导线的磨损。

（4）6 分裂子导线编号及就位顺序见图 6-35。

（5）直线线夹的安装位置，普通地形不需做调整时即为画印点，连续上下山地形需做调整时，应先按移印值移位以确定安装位置。

（6）安装直线线夹时，应以横担上悬挂点附近的施工孔为提线安装承力点。横担上未设施工孔时，提线安装方法和承力点位置应经计算确定，不经验算的位置，不应作为提线安装承力点。

4. 多轮放线滑车拆除要点

为保证多轮放线滑车在高空拆除时的人身安全，在拆除多轮放线滑车时，不得直接用人力松放，主要是防止多轮放线滑车在重力加速度的情况下，人力控制能力有限，或迅速座地造成人员伤亡，在施工作业时应严格遵守。

直线塔悬垂线夹安装

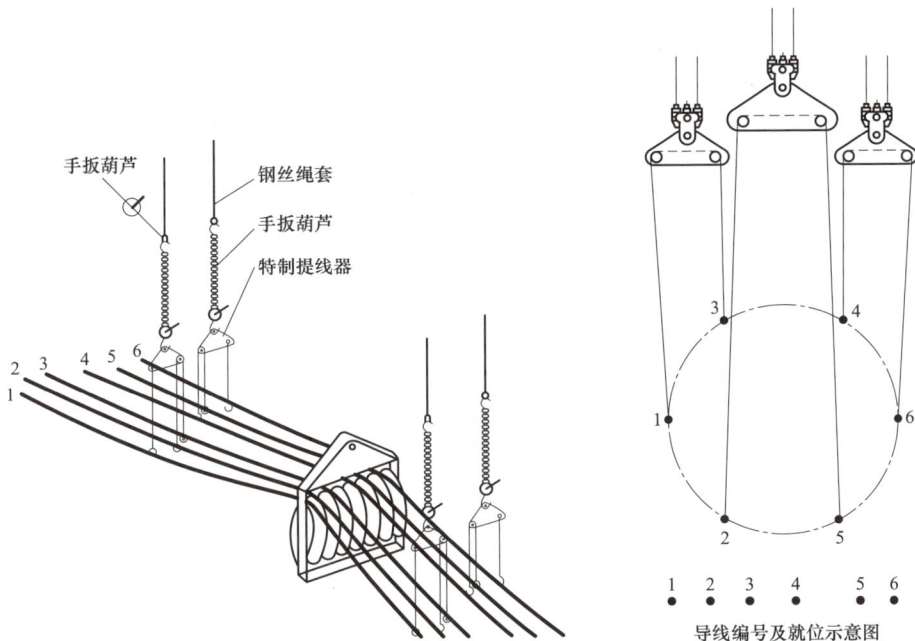

图 6-35　6 分裂子导线编号及就位顺序

思考题

1. **判断题**：直线塔附件安装提线吊钩，应有足够的承托面积，吊钩沿线长方向的承托宽度不得小于导线直径的 2.5 倍，接触导线部分可以不衬胶，防止导线损伤和结构变化。　　　　　　　　　　　　　　　　　　　（　　）

答案：错误。

正确答案：直线塔附件安装提线吊钩，应有足够的承托面积，吊钩沿线长方向的承托宽度不得小于导线直径的 2.5 倍，接触导线部分应衬胶，防止导线损伤和结构变化。

2. **判断题**：所有直线塔附件安装时必须使用钢丝套和 U 形环加装二道保护。　　　　　　　　　　　　　　　　　　　　　　　　　　（　　）

答案：正确

任务 8.3　间隔棒安装

1. 子导线间隔棒安装

安装子导线间隔棒的步骤及注意事项如下：

间隔棒安装

（1）安装间隔棒采用专用飞车或人工走线方法，飞车支撑轮不得对导线造成磨损，人工走线时应穿软底鞋。

（2）间隔棒安装位置可用测绳高空测量定位、地面测量定位、计程器定位等方法测定，间隔棒安装采用 100m 测绳进行线上测量安装。在跨越电力线路安装间隔棒时，应使用绝缘测绳或其他间接测量方法测量次档距。

（3）安装间隔棒人员必须绑扎安全带，安全带应绑在导线上。安装工具和材料均应用小绳拴在导线上，防止失手掉落。

（4）间隔棒安装前应检查，型式应符合设计要求，不合格者严禁使用。

（5）间隔棒的结构面应与导线垂直，相间的间隔棒应在导线的同一垂直面上，安装距离应符合设计要求。引流线间隔棒的结构面应与导线垂直，其安装位置应符合图纸要求。

（6）各种螺栓、销钉穿向符合要求，金具上所用闭口销的直径必须与孔径相匹配，且弹力适度。间隔棒夹口的橡胶垫应安装到位。

（7）预绞式间隔棒缠绕预绞丝时，应保证两端整齐，并保持原预绞形状，间隔棒安装应紧密，预绞丝中心与线夹口中心重合，对导线包裹紧固。

（8）金具上所有开口销和闭口销的直径与孔径相配合，且弹力适度，开口销和闭口销不应有折断和裂纹现象，当采用开口销时应对称开口，开口角度应为 $60°\sim90°$，不得用线材和其他材料代替开口销和闭口销。

（9）间隔棒夹口的橡胶垫应安装紧密、到位。

（10）间隔棒安装位置遇有接续管或补修金具时，应在安装距离允许误差范围内进行调整，使其与连续管或补修金具间保持 0.5m 以上距离，其余各相间隔棒与调整后的间隔棒位置保持一致。

（11）导线间隔棒安装必须在紧线段内所有直线塔附件安装后进行。

（12）间隔棒的安装档距起算点一般规定：直线塔为铁塔中心；耐张塔档和直转塔档以另一端直线塔中心为基准，向耐张塔或直转塔量取，根据实际的安装档距查对间隔棒安装表，以确定间隔棒安装个数和安装距离。

（13）间隔棒按线长安装，允许距离误差：第一个 $\pm1.5\%L'$，中间 $\pm3\%$ L'（L'是指次档距）。

线夹式间隔棒安装成品见图 6-36。预绞式间隔棒安装成品见图 6-37。

图 6-36　线夹式间隔棒安装成品

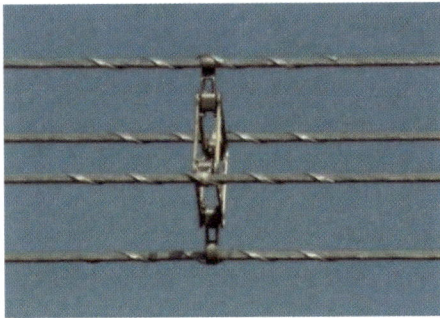

图 6-37　预绞式间隔棒安装成品

2. 相间间隔棒安装

（1）间隔棒、绝缘子金具、均压环等安装前应检查，型式应符合设计要求，不合格者严禁使用。

（2）运输和起吊过程中做好绝缘子的保护工作，依据厂家的安装说明进行安装。

（3）安装时，在不违反配置方案原则的基础上可对子导线间隔棒予以调整。

（4）安装顺序应按照由高向低、由近向远的原则。

（5）当档距两侧导线挂点高差较大时，应依据导线弧垂最低点位置变化情况适当调整。

（6）相间距较大时严格控制金具的安装尺寸。

（7）各种螺栓、销钉穿向符合要求，螺栓紧固扭矩应符合该产品说明书要求。

（8）金具上所用闭口销的直径必须与孔径相匹配，且弹力适度。开口销和闭口销不应有裂纹折断现象，当采用开口销时应对称开口，开口角度应为60°～90°。不得用线材和其他材料代替开口销和闭口销。

（9）相间间隔棒应安装紧密、到位。

（10）锁紧销的装配应使用专用工具，以免损坏金属附件的镀锌层。若有损坏应除锈后补刷富锌漆。

（11）相间间隔棒安装位置遇有接续管或补修金具时，应在安装距离允许误差范围内进行调整，使其与接续管或补修金具间保持0.5m以上距离。

（12）相间间隔棒的绝缘子、连接金具和均压环等型号应符合设计要求。

（13）相间间隔棒的安装位置符合设计要求，安装位置±10m内的子导线间隔棒应移至相间间隔棒同一位置安装。

（14）相间间隔棒不宜安装在同一断面内，相邻相间间隔棒应错开安装。

（15）相间间隔棒上的各种螺栓、穿钉及弹簧销子，除有固定的穿向外，其余穿向应统一。

（16）相间间隔棒绝缘子表面完好干净。绝缘子串与连接金具不应有明显的歪斜。

（17）相间间隔棒要安装牢固，最大偏移不允许超过200mm。

3. 安全要点

（1）线路上间隔棒安装作业除地面指挥与配合人员外，都是在高空作业状态中，高空作业最主要的安全个人防护用品就是安全带、二防绳。安装间隔棒时，安全带应挂在一根子导线上，后备保护绳应拴在整相导线上。

飞车

（2）使用飞车时，应符合如下要求：① 携带重量及行驶速度不得超过飞车铭牌规定；② 每次使用前应进行检查，飞车的前后活门应关闭牢靠，刹车装置应灵活可靠；③ 行驶中遇有接续管时应减速；④ 安装间隔棒时，前后轮应卡死（刹牢）；⑤ 随车携带的工具和材料应绑扎牢固；⑥ 导线上有冰霜时应停止使用；⑦ 飞车越过带电线路时，飞车最下端（包括携带的工具、材料）与电力线的最小安全距离应在规定的安全距离基础上加1m，并设专人监护。双线飞车机构及使用飞车作业见图6-38。

图 6-38　双线飞车机构及使用飞车作业

🔍 思 考 题

1. 判断题：安装间隔棒的结构面应与导线垂直，相间的间隔棒不在导线的同一垂直面上，安装距离应符合设计要求。　　　　　　　　（　　）

答案：错误

正确答案：安装间隔棒的结构面应与导线垂直，相间的间隔棒应在导线的同一竖直面上，安装距离应符合设计要求。安装位置±10m 内的子导线间隔棒应移至相间间隔棒同一位置安装。相间间隔棒不宜安装在同一断面内，相邻相间间隔棒应错开安装。相间间隔棒要安装牢固，最大偏移不允许超过 200mm。

2. 判断题：间隔棒缠绕预绞丝时应保证两端整齐，并保持原预绞形状，间隔棒安装应紧密，预绞丝中心与线夹口中心重合，对导线包裹紧固。（　　）

答案：正确

3. 判断题：相间间隔棒的安装位置符合设计要求，安装位置±10m 内的子导线间隔棒不用移至相间间隔棒同一位置安装。　　　　　　　　（　　）

答案：错误

正确答案：相间间隔棒的安装位置符合设计要求，安装位置±10m 内的子导线间隔棒应移至相间间隔棒同一位置安装。

任务 8.4　防振装置安装

1. 线夹式防振锤安装

（1）防振锤安装型号、规格、性能参数应符合设计图纸。

（2）防振锤安装个数应符合设计规定。

（3）防振锤安装距离及起算点应符合设计规定。当设计不做规定时，直线塔应从悬垂线夹出口起算，耐张塔应从耐张线夹线端管口处起算。

（4）当采用音叉式防振锤时，其大小头方向应符合设计规定。当设计不做规定时，大头朝向档中。

（5）防振锤要无锈蚀、无污物，锤头与挂板应成一平面。

（6）防振锤在线上应自然下垂，锤头与线应平行，并与地面垂直。

（7）缠绕铝包带时，铝包带顺外层线股绞制方向缠绕，缠绕紧密，露出线夹不大于 10mm，端头应压在线夹内。设计有要求时按设计要求执行。

（8）安装距离应符合设计规定，螺栓紧固力应达到扭矩要求。

图 6-39　线夹式防振锤安装成品

线夹式防振锤安装成品见图 6-39。

2. 预绞式防振锤安装

（1）防振锤安装型号、规格、性能参数应符合设计图纸。

（2）防振锤安装个数应符合设计规定。

（3）防振锤安装距离及起算点应符合设计规定。当设计不做规定时，直线塔应从悬垂线夹出口起算，耐张塔应从耐张线夹线端管口处起算。

防振锤安装注意事项

（4）当采用音叉式防振锤时，其大小头方向应符合设计规定。当设计不做规定时，大头朝向档中。

（5）防振锤要无锈蚀、无污物，锤头与挂板应成一平面。

（6）防振锤在线上应自然下垂，锤头与线应平行，并与地面垂直。

（7）缠绕预绞丝时应保证两端整齐，预绞丝中心点与防振锤夹板中心点一致，缠绕方向应与外层股的绞制方向一致，并保持原预绞形状，预绞丝缠绕导线时，应采取防护措施防止预绞丝头在缠绕过程中磕绊损伤导线。

（8）安装距离应符合设计规定。

3. 阻尼线安装

（1）阻尼线的规格应符合设计要求，且使用未受过力的原状线，凡有扭曲、松股、磨伤、断股等现象，均不得使用。

（2）阻尼线安装要自然下垂，固定点距离和小弧垂要符合设计规定，弧垂要自然、顺畅。

（3）固定夹具上的螺栓穿向应符合规范要求，紧固扭矩应符合该产品说明书要求。

（4）阻尼线与被连接导线或架空地线应在同一铅垂面内，设计有要求时按设计要求安装。

（5）阻尼线安装距离应符合设计要求，其允许偏差不大于±30mm。

思 考 题

1. 单选题：防振锤在线上应自然下垂，锤头与线应平行，并与（　　　）垂直。

A. 导线　　　　　B. 铁塔　　　　　C. 地面　　　　　D. 基础

答案：C

2. 单选题：阻尼线与被连接导线或架空地线应在同一（　　　）内。

A. 平面　　　　　B. 水平面　　　　C. 竖直面　　　　D. 铅垂面

答案：D

任务 8.5　跳线安装

（1）应使用未经牵引的原状导线制作软跳线，并应使原弯曲方向与安装后的弯曲方向相一致。

（2）宜根据设计资料确定软跳线的长度和跳线悬垂线夹的安装位置，并应在地面将跳线组装成整体，连同其悬垂绝缘子串一并起吊，在塔上就位安装。起吊绑扎点应取在跳线的两端和每串绝缘子串的适当位置，各起吊点的提升速度应相互协调。

（3）应在跳线的所有悬挂点和连接点完全装好后，再安装跳线间隔棒，并应进行外观整形。

（4）应严格按照设计文件和安装说明书安装刚性跳线。

（5）应先分别吊装两串 V 形跳线绝缘子串，并应在跳线垂直投影下方处进行跳线组装后，将一端压接后的软跳线与多变一线夹连接。

（6）将组装好的跳线通过起吊工具整体起吊至空中预定位置，吊点宜用 4 套，并应将其中 2 套作为人力辅助起吊工具。跳线吊装方法示意图见图 6-40。

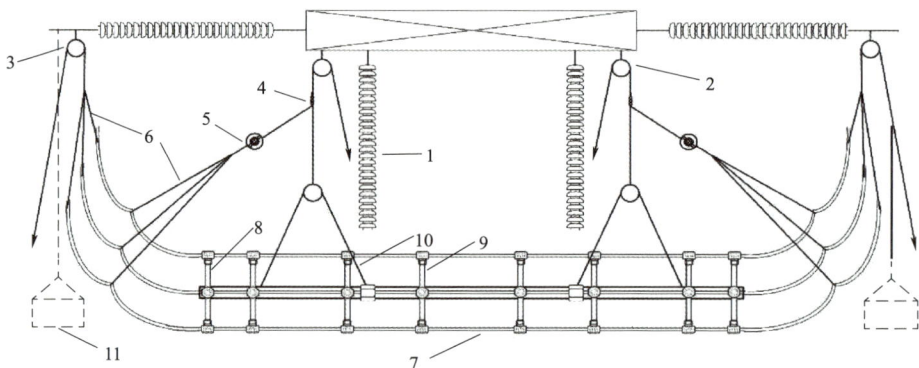

图 6-40　跳线吊装方法示意图

1—V 形绝缘子串；2—滑车；3—滑车；4—绳卡；5—链条葫芦；

6—尼龙绳；7—导线；8—间隔棒；9—鼠笼箍架；10—吊装带；11—工作吊篮

（7）施工人员应沿预先安装好的软梯下至 V 形绝缘子底端连接硬跳线，并应逐根调整软跳线至工艺满足要求后，画印、断线、安装引流线和线夹、对正线的角度等。

（8）应在耐张串端预先设置好工作吊篮将上述线夹压接后，再与耐张线夹连接并安装软跳线间隔棒。

（9）跳线安装后，应测量跳线对杆塔的最小距离，距离应符合设计文件要求；任何气象条件下，跳线均不得与金具相摩擦、碰撞。

跳线安装注意事项

🔍 思考题

1. **单选题**：引流线引流板的连接面应平整光洁；安装时清洗连接面的污垢，用细钢丝刷清除连接面上的氧化膜，随即涂以（　　），逐个均匀拧紧连接螺栓。

A. 电力脂　　　　　B. 润滑油　　　　　C. 红油漆　　　　　D. 防腐漆

答案： A

2. **判断题：** 引流线安装后，引流线对塔体最小距离应符合设计要求。

（　　）

答案： 正确

任务 8.6　质量检查

（1）紧线完毕后，应尽快进行附件安装，不得使导地线因振动和鞭击产生损伤。

（2）安装附件及间隔棒时，应将导地线上的全部缺陷处理完毕，包括线夹两侧、临锚点和牵张场导地线升空处未处理的局部轻微损伤。

（3）提线挂钩应包胶，提线钩与导地线的接触长度应不小于 2.5 倍的导地线直径。

（4）安装附件时，应用记号笔画印，不得用钳子、扳手等硬物在导地线上画印。

（5）拆除放线滑车时，宜用保护胶管，滑车和钢丝绳不得磨损导地线。

（6）应使用软绳传递附件，传递的工具和材料不得碰撞导地线。

（7）不得用硬物敲击导地线。

（8）飞车轮槽和开口部分应包胶完好，并应刹车可靠。

（9）安装或拆除飞车时，应在导线上预先安装护线胶管。

（10）应经常检查飞车，车轮应转动灵活，飞车活门处铁件应包胶或盘绕胶带。

（11）安装 OPGW 悬垂线夹时，应使用专用工具或配套悬垂线夹提线。

（12）应由专业人员按照相关规定进行光纤的熔接。剥离光纤的外层铝套管、塑料套管、骨架时，不应损伤光纤；安装接线盒时，螺栓应紧固、橡皮封条应安装到位，接线盒不得受潮；光纤熔接后应进行接头衰耗测试，不合格者应重接；不应在雨天、大风、沙尘或空气湿度过大时熔接光纤。